中国编辑学会组编 中国科技之路 中宣部主题出版
　　　　　　　　　　石油卷　　　　重点出版物

加油争气

本卷主编　胡文瑞

副主编　刘振武　马新华　张卫国　张　镇

石油工业出版社

图书在版编目（CIP）数据

中国科技之路．石油卷．加油争气／中国编辑学会组编；胡文瑞本卷主编．—北京：石油工业出版社，2021.6

ISBN 978-7-5183-4651-6

Ⅰ.①中… Ⅱ.①中…②胡… Ⅲ.①技术史－中国－现代②石油工程－工程技术－技术史－中国－现代 Ⅳ.①N092②TE-092

中国版本图书馆CIP数据核字（2021）第089995号

审图号：GS（2021）3271号

内 容 提 要

本书由科技托起"石油梦"、油龙气虎啸神州和畅想石油新征程三篇组成，全面系统地阐述了中国石油工业的科技发展历程，通过一个个石油科技创新故事展现了石油科技及石油科技人员对石油工业发展的重要推动作用，充分体现了在中国共产党领导下石油工业科技创新、艰苦创业取得的辉煌成就和保障国家能源安全的奉献精神。

本书可作为向社会大众介绍石油科技知识和石油科技发展历程的科普读物。

中国科技之路 石油卷 加油争气
ZHONGGUOKEJIZHILU SHIYOUJUAN JIAYOUZHENGQI

责任编辑：王长会　王　瑞　王宝刚　何丽萍　沈瞳瞳　常泽军
责任校对：刘晓婷
责任印制：张庆旺　曹豫琳

出版发行：石油工业出版社

（北京安定门外安华里2区1号　100011）
网　　址：www.petropub.com
编辑部：（010）64523757　　图书营销中心：（010）64523633

经　　销：全国新华书店

印　　刷：北京中石油彩色印刷有限责任公司

2021年6月第1版　2021年9月第4次印刷
720×1000毫米　开本：1/16　印张：17.5
字数：212千字

定价：100.00元
（如出现印装质量问题，我社图书营销中心负责调换）
版权所有，翻印必究

《中国科技之路》编委会

主　任： 侯建国　郝振省

副主任： 胡国臣　周　谊　郭德征

成　员：（按姓氏笔画排序）

丁　磊	王　辰	王　浩	仝小林	刘　华	刘　柱
刘东黎	孙　聪	严新平	杜　贤	李　涛	杨元喜
杨玉良	肖绪文	宋春生	张卫国	张立科	张守攻
张伯礼	张福锁	陈维江	林　鹏	罗　琦	周　谊
赵　焱	郝振省	胡文瑞	胡乐鸣	胡国臣	胡昌支
咸大庆	侯建国	倪光南	郭德征	蒋兴伟	韩　敏

《中国科技之路》出版工作委员会

主　任： 郭德征

副主任： 李　锋　胡昌支　张立科

成　员：（按姓氏笔画排序）

马爱梅　王　威　朱琳君　刘俊来　李　锋　张立科

郑淮兵　胡昌支　郭德征　颜景辰

审读专家：（按姓氏笔画排序）

马爱梅　王　威　田小川　邢海鹰　刘俊来　许　慧

李　锋　张立科　周　谊　郑淮兵　胡昌支　郭德征

颜　实　颜景辰

石油卷编委会

主　编： 胡文瑞

副主编： 刘振武　马新华　张卫国　张　镇

编　委：

王一端　章卫兵　闫建文　崔玉波　李　中　庞奇伟

郭建强　王长会

审读专家：

苏义脑　袁士义　蒋其垲　沈平平　傅诚德　高瑞祺

吴　奇　张冠军　王贤清　孟纯绪　宫　柯　王黎明

艾慕阳　王香增　王同良　张来勇　撒利明　陆家亮

郑得文　周英操　雍　锐　徐跃华　施和生　吴　青

邹付兵　曹志军　曹东学　陈文辉　张辛耕　耿宇迪

裴佳兴　肖修文　丁东龙　冯　琪　庄　涛　刘中宴

秦小林　唐治平　刘菊英　许淑霞　李富恒　王子健

朱思南　潘灵永　孙　娟

编辑组组长： 章卫兵

编辑组副组长： 李 中　庞奇伟

编辑组成员：

王长会　方代煊　王金凤　何 莉　潘玉全　马新福

李 欣　金平阳　王 瑞　王宝刚　何丽萍　沈瞳瞳

常泽军　张 倩　张 贺　唐俊雅　孙 倩　孙 宇

申公昱

做好科学普及，是科学家的责任和使命

中国科技事业在党的领导下，走出了一条中国特色科技创新之路。从革命时期高度重视知识分子工作，到新中国成立后吹响"向科学进军"的号角，到改革开放提出"科学技术是第一生产力"的论断；从进入新世纪深入实施知识创新工程、科教兴国战略、人才强国战略，不断完善国家创新体系、建设创新型国家，到党的十八大后提出创新是第一动力、全面实施创新驱动发展战略、建设世界科技强国，科技事业在党和人民事业中始终具有十分重要的战略地位、发挥了十分重要的战略作用。党的十九大以来，党中央全面分析国际科技创新竞争态势，深入研判国内外发展形势，针对我国科技事业面临的突出问题和挑战，坚持把科技创新摆在国家发展全局的核心位置，全面谋划科技创新工作。通过全社会共同努力，重大创新成果竞相涌现，一些前沿领域开始进入并跑、领跑阶段，科技实力正在从量的积累迈向质的飞跃，从点的突破迈向系统能力提升。

科技兴则民族兴，科技强则国家强。2016年5月30日，习近平总书记在"科技三会"上指出："科技创新、科学普及是实现创新发展的两翼，要把科学普及放在与科技创新同等重要的位置"，希望广大科技工作者以提高全民科学素质为己任，"在全社会推动形成讲科学、爱科学、学科学、用科学的良好氛围，使蕴藏在亿万人民中间的创新智慧充分释放、创新力

量充分涌流"。站在"两个一百年"奋斗目标历史交汇点上,我国正处于加快实现科技自立自强、建设世界科技强国的伟大征程中。在新的发展阶段,做好科学普及、提升公民科学素质、厚植科学文化,既是建设世界科技强国的迫切需要,也是中国科学家义不容辞的社会责任和历史使命。

为此,中国编辑学会组织15家中央级科技出版单位共同策划,邀请各领域院士和专家联合创作了《中国科技之路》科普图书。这套书以习近平新时代中国特色社会主义思想为指导,以反映新中国科技发展成就为重点,以文、图、音频、视频相结合的直观呈现形式为载体,旨在激励全国人民为努力实现中华民族伟大复兴的中国梦而奋斗。《中国科技之路》于2020年列入中宣部主题出版重点出版物选题,分为总览卷、信息卷、交通卷、建筑卷、卫生卷、中医药卷、核工业卷、航天卷、航空卷、石油卷、海洋卷、水利卷、电力卷、农业卷、林草卷共15卷,相关领域的两院院士担任主编,内容兼具权威性和普及性。《中国科技之路》力图展示中国科技发展道路所蕴含的文化自信和创新自信,激励我国科技工作者和广大读者继承与发扬老一辈科学家胸怀祖国、服务人民的优秀品质,不负伟大时代,矢志自立自强,努力在建设科技强国实现复兴伟业的征程中作出更大贡献。

侯建国

中国科学院院士

《中国科技之路》编委会主任

2021年6月

科技开辟崛起之路　　出版见证历史辉煌

2021年是中国共产党百年华诞。百年征程波澜壮阔，回首一路走来，惊涛骇浪中创造出伟大成就；百年未有之大变局，我们正处其中，踏上漫漫征途，书写世界奇迹。如今，站在"两个一百年"的历史交汇点上，"十三五"成就厚重，"十四五"开局起步，全面建设社会主义现代化国家新征程已经启航。面向建设科技强国的伟大目标，科技出版人将与科技工作者一起奋斗前行，我们感到无比荣幸。

2021年3月，习近平总书记在《求是》杂志上发表文章《努力成为世界主要科学中心和创新高地》，他指出："科学技术从来没有像今天这样深刻影响着国家前途命运，从来没有像今天这样深刻影响着人民生活福祉""中国要强盛、要复兴，就一定要大力发展科学技术，努力成为世界主要科学中心和创新高地。我们比历史上任何时期都更接近中华民族伟大复兴的目标，我们比历史上任何时期都更需要建设世界科技强国！"在这样的历史背景下，科学文化、创新文化及其所形成的科普、科学氛围，对于提升国民的现代化素质，对于实施创新驱动发展战略，不仅十分重要，而且迫切需要。

中国编辑学会是精神食粮的生产者，先进文化的传播者，民族素质的培育者，社会文明的建设者。普及科学文化，努力形成创新氛围，让科学理论之弘扬与科学事业之发展同步，让科学文化和科学精神成为主流文化的核心内涵，推出高品位、高质量、可读性强、启发性深的科技出版物，这是一条举足轻重的发展路径，也是我们肩负的光荣使命，更是国际竞争对我们的强烈呼唤。秉持这样的初心，中国编辑学会在2019年7月召开项目论证会，确定以贯彻落实党和国家实施创新驱动发展战略、建设科技强国的重大决策为切入点，编辑出版一套为国家战略所必需、为国民所期待的精品力作，展现我国科技实力，营造浓厚科学文化氛围。随后，中国编辑学会组织了半年多的调研论证，经过数番讨论，几易方案，终于在2020年年初决定由中国编辑学会主持策划，由学会科技读物编辑专业委员会具体实施，组织人民邮电出版社、科学出版社、中国水利水电出版社等15家出版社共同打造《中国科技之路》，以此向中国共产党成立100周年献礼。2020年6月，《中国科技之路》入选中宣部2020年主题出版重点出版物。

《中国科技之路》以在中国共产党领导下，我国科技事业壮丽辉煌的发展历程、主要成就、关键节点和历史意义为主题，全面展示我国取得的重大科技成果，系统总结我国科技发展的历史经验，普及科技知识，传递科学精神，为未来的发展路径提供重要启示。《中国科技之路》服务党和国家工作大局，站在民族复兴的高度，选择与国计民生息息相关的方向，呈现我国各行业有代表性的高精尖科研成果，共计15卷，包括总览卷、信息卷、交通卷、建筑卷、卫生卷、中医药卷、核工业卷、航天卷、航空卷、石油卷、海洋卷、水利卷、电力卷、农业卷和林草卷。

今天中国的科技腾飞、国泰民安举世瞩目，那是从烈火中锻来、向薄冰上履过，其背后蕴藏的自力更生、不懈创新的故事更值得点赞。特别是在当今世界，实施创新驱动发展战略决定着中华民族前途命运，全党全社会都在不断加深认识科技创新的巨大作用，把创新驱动发展作为面向未来的一项重大战略。基于这样的认识，《中国科技之路》充分梳理挖掘历史资料，在内容结构上既反映科技领域的发展概况，又聚焦有重大影响力的技术亮点，既展示重大成果、科技之美，又讲述背后的奋斗故事、历史经验。从某种意义上来说，《中国科技之路》是一部奋斗故事集，它由诸多勇攀高峰的科研人员主笔书写，浸透着科技的力量，饱含着爱国的热情，其贯穿的科学精神将长存在历史的长河中。这就是"中国力量"的魂魄和标志！

《中国科技之路》的出版单位都是中央级科技类出版社，阵容强大；各卷均由中国科学院院士或者中国工程院院士担任主编，作者权威。我们专门邀请了著名科技出版专家、中国出版协会原副主席周谊同志以及相关领导和专家作为策划，进行总体设计，并实施全程指导。我们还成立了《中国科技之路》编委会和出版工作委员会，组织召开了 20 多次线上、线下的讨论会、论证会、审稿会。诸位专家、学者，以及 15 家出版社的总编辑（或社长）和他们带领的骨干编辑们，以极大的热情投入到图书的创作和出版工作中来。另外，《中国科技之路》的制作融文、图、音频、视频、动画等于一体，我们期望以现代技术手段，用创新的表现手法，最大限度地提升读者的阅读体验，并将之转化成深邃磅礴的科技力量。

2016年5月，习近平总书记在哲学社会科学工作座谈会上发表讲话指出，自古以来，我国知识分子就有"为天地立心，为生民立命，为往圣继绝学，为万世开太平"的志向和传统。为世界确立文化价值，为人民提供幸福保障，传承文明创造的成果，开辟永久和平的社会愿景，这也是历史赋予我们出版工作者的光荣使命。科技出版是科学技术的同行者，也是其重要的组成部分。我们以初心发力，满含出版情怀，聚合15家出版社的力量，组建科技出版国家队，把科学家、技术专家凝聚在一起，真诚而深入地合作，精心打造了《中国科技之路》，旨在服务党和国家的创新发展战略，传播中国特色社会主义道路的有益经验，激发全党、全国人民科研创新热情，为实现中华民族伟大复兴的中国梦提供坚强有力的科技文化支撑。让我们以更基础更广泛更深厚的文化自信，在中国特色社会主义文化发展道路上阔步前进！

中国编辑学会会长
《中国科技之路》编委会主任
2021年6月

本卷前言

一部艰难创业史，百万覆地翻天人。中国石油天然气工业的发展史就是中国石油人的艰难奋斗史，也是科技创新创业史。新中国成立后，党和政府对发展石油工业给予了极大的关怀和支持。随着20世纪50年代玉门、克拉玛依油田的开发，60年代大庆、胜利等油田的开发，1978年国内原油产量突破1亿吨大关，我国跨入世界主要产油国行列。2020年全国油气产量达到了约3.3亿吨。几十年来，石油天然气工业成绩斐然，为我国经济社会发展和人民生活改善作出了巨大贡献。中国不仅成为世界第六大产油国、第一大炼油国、第二大乙烯生产国，而且形成了一套完整的石油工业体系。在这一伟大的历史变革中，石油天然气科技创新不断取得突破，成就卓越、举世瞩目！

百年大党，风华正茂。在全党全国人民热烈庆祝中国共产党成立100周年之际，中国编辑学会组织编写出版《中国科技之路》大型科普套书，回顾中国科技发展历程，赞颂中国科技辉煌成就，展望中国科技美好未来，讴歌党的英明伟大，意义深远。《加油争气》作为其中分卷之一，体现了全体石油人的光荣。本书的出版将进一步激励石油科技工作者和广大石油人听党话，跟党走，建功立业新时代。

本书以宏大的视角勾绘了中国石油工业科技创新的历史进程，突出展现了石油科技的重大事件、重大成就和重大贡献。全书由科技托起"石油梦"、油龙气虎啸神州和畅想石油新征程三篇组成。第一篇主要从勘探开发、炼油化工、工程技术、走向海外等方面，对石油工业科技发展历程进行总体叙述。第二篇重点介绍石油工业科技发展史上具有代表性的12大亮点，包括大庆奇迹、"磨刀石上闹革命"、渤海湾亿吨聚宝盆、征战"死亡之海"、气润神州、深海探宝、大国石油重器、海外油气明珠、千万吨级炼油厂、百万吨级乙烯、西气东输和地下储气库等，集中呈现我国石油科技发展史上具有划时代意义的重大科技创举。第三篇简要描绘了石油行业乃至整个能源行业未来发展的愿景蓝图。

本书由石油工业出版社组织编写出版，由中国工程院院士胡文瑞领衔编写。2020年3月开始，石油工业出版社特邀行业内知名专家组成编委会和编写团队，就本书的架构、亮点和风格，多次进行研讨。在编写过程中，编写团队查阅了大量历史资料和有关科技书刊，走访众多行业内知名专家、老领导，参观多处石油科技展馆、工业遗迹和生产现场，深入石油科研院所进行调研，在充分论证的基础上，拟定了编写大纲并投入到紧张的编写工作之中。本分册编委会先后召开编写研讨会20余次、审稿会20余次，五易其稿，于2021年6月最终形成本书。

本书由胡文瑞、刘振武、马新华、张卫国、张镇等提出总体编写思路、框架设计和主体内容，并对全书内容进行最终审定。第一篇由王一端、章卫兵、闫建文等负责编写；第二篇由王一端、章卫兵、闫建文、崔玉波、李中、王长会等负责编写；第三篇由王一端、章卫兵、崔玉波负责编写。全书由王一端、章卫兵、闫建文、崔玉波进行统稿。

本书的编写出版工作得到了众多专家的支持，特别感谢苏义脑院士、袁士义院士和蒋其垲、沈平平、傅诚德、高瑞祺、吴奇、张冠军、王贤清、孟纯绪、宫柯、王黎明、艾慕阳、王香增、王同良、张来勇等40余位专家的悉心指导和帮助；感谢中国石油、中国石化、中国海油、延长石油等石油石化企业大力支持；感谢所有照片、视频的拍摄者和提供者，正是他们的无私帮助，才终使本书图文并茂地呈现给读者。

历史波澜壮阔，精神传承永远。这是一曲"我为祖国献石油"的壮丽凯歌，高歌了石油人科技报国、创新图强的爱国情怀和英雄气概！这是一部石油科技创新历程的科普书，展现了石油人的科技智慧、科技贡献、科学精神！这又是一部石油科技创新的历史情景剧，讲述了石油科技创新那些艰苦卓绝又激动人心的故事，再现了石油科技工作者奋发图强，为国"加油争气"的宏伟历史脉络！这更是一部弘扬石油精神和大庆精神铁人精神的宣言书，彰显了石油科技工作者"宁肯把心血熬干，也要让油田稳产再高产"的奉献精神，也必将成为后来者开拓奋进、夺取更大胜利的强大精神力量。

史料浩瀚，难免存在出入；专业所限，亦难免存在偏颇；真诚地希望广大读者提出宝贵意见！

掩卷沉思，感慨难已；展望未来，踌躇满志。石油精神，与中华魂相融；石油伟业，和中国梦同铸。

本卷编委会

2021 年 6 月

AR使用说明

为帮助读者进一步了解石油行业的相关知识,本书还提供了 AR App。该应用支持安卓用户,读者可扫描左侧的二维码,下载、安装后,打开 App 扫描书中相应 AR 图片,即可观看 AR 展示。

体验本书配套AR内容
请扫描二维码下载App

目录

做好科学普及，是科学家的责任和使命 / 侯建国　　i

科技开辟崛起之路　出版见证历史辉煌 / 郝振省　　iii

本卷前言 / 本卷编委会　　vii

第一篇

科技托起"石油梦"

一、勘探开发　屡创辉煌　　4

二、炼油化工　闪耀东方　　13

三、工程技术　各路争强　　19

四、走向海外　天阔地广　　23

五、科技创新　石油脊梁　　27

第二篇

油龙气虎啸神州

一、大庆奇迹　　32

- （一）陆相生油理论 ... 33
- （二）大庆油田的发现 ... 36
- （三）"三点定乾坤" ... 39
- （四）大庆石油会战 ... 41
- （五）毛泽东主席号召工业学大庆 ... 45
- （六）5000万吨高产27年的"三大压舱石" ... 46
- （七）4000万吨稳产的"两大法宝" ... 50
- （八）百年大庆的遐想 ... 54

二、"磨刀石上闹革命" 57
- （一）中国陆上第一口油井与石油圣地 ... 57
- （二）庆阳石油有希望 ... 61
- （三）遭遇"低渗透" ... 63
- （四）"安塞模式"破低渗透 ... 64
- （五）首个世界级大气田——苏里格气田 ... 67
- （六）"把长庆做大" ... 70

三、渤海湾亿吨聚宝盆 73
- （一）复式油气聚集理论 ... 73
- （二）稠油花开红海滩 ... 79
- （三）古潜山里夺高产 ... 82
- （四）"海上大庆"主力军 ... 85
- （五）填海造岛建油田 ... 88

四、征战"死亡之海" 93
- （一）踏进"死亡之海" ... 94
- （二）超深层油气创举 ... 98
- （三）沙漠石油公路 ... 102

（四）塔里木的答卷　　106

五、气润神州　　111

　　（一）从"重油轻气"到"半壁江山"　　111
　　（二）天然气产业链的四个重大突破　　113
　　（三）深层页岩气革命　　115
　　（四）中国四大天然气生产基地　　119
　　（五）中国四大天然气进口通道　　121

六、深海探宝　　125

　　（一）向海洋深处挺进　　126
　　（二）海上采油大平台　　129
　　（三）海上油气加工厂　　130
　　（四）大型深水物探船　　134

七、大国石油重器　　137

　　（一）"海洋石油981"　　137
　　（二）"蓝鲸1号"　　140
　　（三）万米深井钻机　　143
　　（四）地质导向钻井装备　　145
　　（五）千型压裂成套装备　　148
　　（六）大型化加氢反应器　　150

八、海外油气明珠　　153

　　（一）海外油气合作南美启航　　154
　　（二）中西非裂谷盆地探宝　　156
　　（三）共绘中亚能源合作蓝图　　161
　　（四）北极圈上的能源明珠　　164
　　（五）逐鹿中东高端油气市场　　166

九、千万吨级炼油厂　　　　　　　　　　　169

（一）"小茶壶式炼油"起步　　　　　　　169

（二）中国炼油工业的"三级跳"　　　　173

（三）大型炼化一体化　　　　　　　　　178

（四）千万吨级炼油厂成套技术　　　　　181

（五）油品升级炼油魂　　　　　　　　　183

十、百万吨级乙烯　　　　　　　　　　　188

（一）揭开乙烯的面纱　　　　　　　　　189

（二）CBL 炉：乙烯生产的"炼丹炉"　　191

（三）百万吨级乙烯成套技术　　　　　　193

（四）中国乙烯的"四个之最"　　　　　195

（五）跻身全球乙烯生产大国　　　　　　198

十一、西气东输　　　　　　　　　　　　200

（一）西气东输的缘起　　　　　　　　　201

（二）"五个之最"与多个"第一次"　　203

（三）国钢精魂——X70 级钢管　　　　　207

（四）西气东输家族"开枝散叶"　　　　209

十二、地下储气库　　　　　　　　　　　213

（一）中国首座商业储气库——大张坨储气库　　214

（二）亚洲首座盐穴型储气库——金坛储气库　　216

（三）中国华北地区最大储气库——文 23 储气库　　218

（四）中国最大调峰储气库——呼图壁储气库　　219

（五）储气库建库理论和技术　　　　　　220

（六）中国储气库战略布局和规划　　　　223

第三篇

畅想石油新征程

一、四大发展趋势	228
（一）能源转型	228
（二）"油"稳"气"升	231
（三）控"炼"增"化"	233
（四）海外接力	234
二、三大科技对策	236
（一）理论突破	236
（二）科技发力	237
（三）数字化转型	239
三、四大愿景蓝图	241
（一）油气保障有力度	241
（二）炼油化工有深度	242
（三）便民惠民有广度	243
（四）蓝天白云有亮度	245

参考文献　　　　　　　　　　　　　　　　　248

第一篇
科技托起"石油梦"

苍宇茫茫,鲲鹏翱翔。石油腾飞,科技图强。一部艰难创业史,几多科技新篇章。

石油是现代工业的血液。人类社会文明的进步和生产力的发展都离不开石油。中国是世界上最早发现石油的国家之一。根据古籍《梦溪笔谈》记载,中国利用石油已有逾千年的历史。但是,在近代,中国却被西方地质学界一度认为是"贫油"的国家。

1949年10月1日,中华人民共和国成立了!中国石油工业连同崭新的、朝气蓬勃的人民共和国在东方的地平线上,顽强地站了起来!

中华人民共和国成立之初,全国天然石油年产量只有7万余吨;1978年,石油年产量突破1亿吨;经过半个多世纪的不懈努力,2020年,中国已经位列全球十大产油国第六位。石油炼制与石油化工产业也实现了从无到有的历史性跨越,新中国从成立时的一穷二白发展至今,已经成为世界第一大炼油国、第二大乙烯生产国。中国石油工业从抗日战争期间的"一滴石油一滴血",发展到了"滴滴石油含科技"的创新引领阶段。

穿越历史,回眸征程。为了国家的振兴,石油人跋涉在山地、荒原、沙漠、戈壁,并从陆地走向滩涂和海洋,遍查每一个含油气盆地(图1-1),艰苦奋斗、攻坚克难,取得了举世瞩目的伟大成就,谱写出了一曲"我为祖国献石油"的壮丽凯歌(表1-1)。

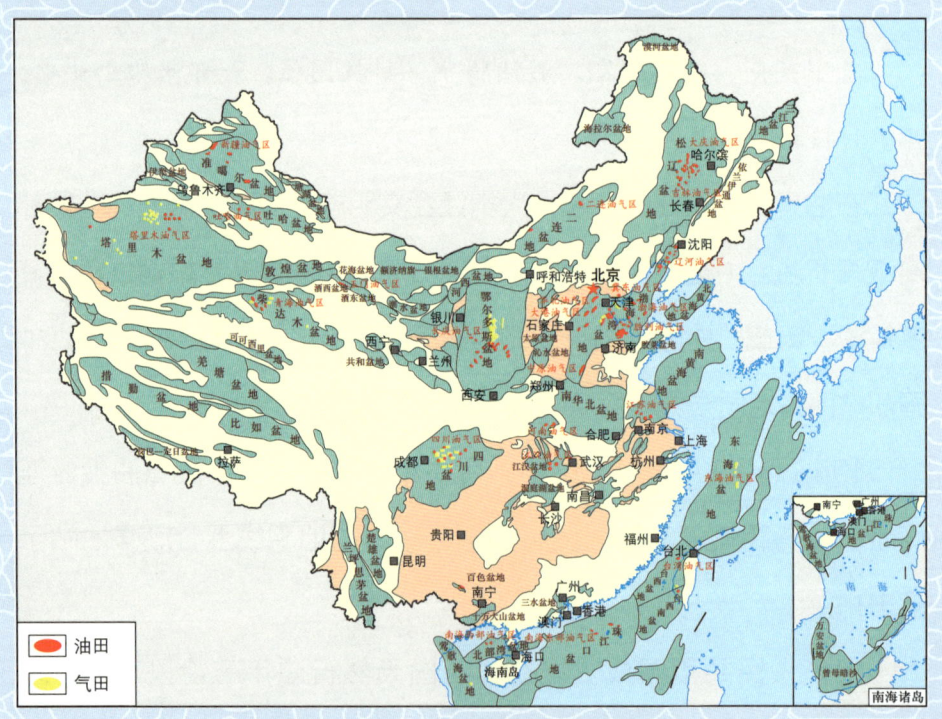

图1-1 中国含油气盆地及油气区分布图(引自《中国油气田开发志》)

表 1-1　2020 年全国十大油气田公司油气产量（油当量）排行榜

排行	油气田公司	油气产量（油当量）/万吨
1	中国石油长庆油田	6000
2	中国石油大庆油田	4303
3	中国海油渤海油田	3064
4	中国石油塔里木油田	3003
5	中国石油西南油气田	2534
6	中国石化胜利油田	2385
7	中国海油南海东部油田	1612
8	中国石油新疆油田	1559
9	延长油田	1120
10	中国海油南海西部油田	1100

一、勘探开发 屡创辉煌

百余载科技报国，石油人创新图强。

史书记载，早在东汉时期，陕西延长县就发现了石油。陕西延长县成为中国最早发现和利用石油的地方。中国陆上第一口油井"延一井"也钻成于此。1905年，清政府筹建延长石油官厂。1907年6月5日延一井开钻，9月12日投产，初期日产油1～1.5吨，标志着中国近代石油工业的开端。1935年4月，中国工农红军解放了延长地区，成立了延长石油厂。在中国共产党的领导下，延长油矿为中国革命事业提供了珍贵的燃料等产品。自此，红色基因被深深注入到了石油工业中。

中国石油工业，为新兴的人民共和国撑起了坚实的脊梁。中华人民共和国石油工业的历史，如同一部光辉绚烂、恢宏磅礴的史诗，如同一部由中国共产党领导、石油人谱写的鸿篇巨制。中华人民共和国成立初期，百废待兴，百业待举，党和国家领导人非常重视石油工业的恢复和发展。1953年，毛泽东主席在中南海会见地质部首任部长李四光时说，要进行建设，石油是不可缺少的，天上飞的，地上跑的，没有石油都转不动。

1950年4月13日，燃料工业部组建了石油管理总局。1953年10月1日，成立了北京石油学院（图1-2）。1955年7月，成立了石油工业部……一系列机构和专业院校的成立，为中国石油工业的发展提供了统一领导的组织机构和人才培养基地。在这一时期，石油工业部组织石油员工广泛学习、借鉴友好国家的油气勘探开发经验，开始对已有油气田进行恢复性建设,并在甘肃玉门建成了新中国第一个石油工业基地,接着发现了新疆克拉玛依油田,石油产量从1949年的7万余吨迅速增长到1959年的373万吨,有力地支持了新中国成立初期国民经济的恢复与发展。中国石油工业迈出了坚实的第一步,锻炼和培养了一批领导干部和技术工人,为后来石油勘探战略东移储备了宝贵的人才与技术。

图1-2 北京石油学院旧址

20世纪50年代后期,中共中央高瞻远瞩,从国情出发提出了石油勘探由西部向东部实施战略转移。在陆相生油理论指导下,石油勘探取得了转折性的重大突破。分管石油工业的邓小平同志指出,石油勘探工作应从战略方面考虑,"二五"计划期间,东北地区能找出石油来就很好。

石油勘探战略东移,对改变中国缺油状况起到了决定性作用。东北松辽盆地是陆相沉积地层,但当时世界上的大油田都发现于海相沉积地层,不是海相沉积地层的松辽盆地能否找到石油?中国石油人用科学的理论、坚定的信念给出了肯定的答案。在跨越这一鸿沟的历程中,李四光、潘钟祥、黄汲清、谢家荣、孙健初、翁文波等一批地质学家突破传统观念，根据中国地质特点提出了油气勘探的重点区域，推动了陆相生油理论的创新和发展，以新的勘探开发体系回应了世界石油界的质疑。他们的名字连同大庆油田一起，铭刻在了中国石油工业崛起的丰碑上。"大庆油田发现过程中的地球科学工作"获1982年国家自然科学奖一等奖。

1959年9月26日，松基三井喷出工业油流，大庆油田横空出世。1960年2月，经中共中央批准，声势浩大、艰苦卓绝的大庆石油会战拉开序幕。随着大庆油田等一批东部油田陆续投入开发，中国的石油产量一路飙升，1963年全国石油产量达到648万吨，1972年跃升到4567万吨。1976年，大庆油田年产量突破5000万吨，并持续稳产了27年。21世纪以来，大庆油田克服重重困难，又在年产4000万吨水平稳产了12年。这在世界油田生产史中是绝无仅有的，石油科技起到了重要的支撑作用（图1-3），两大稳产技术成果均获得国家科学技术进步奖特等奖。

图1-3 丛式井采油现场（大庆油田提供）

如果说中国石油工业的发展史是一部翻天覆地的史诗,那么大庆油田的发现与开发无疑是其中最动人心弦的篇章,中国不仅一举甩掉了"贫油"的帽子,还使反华势力对中国的石油禁运土崩瓦解。有了充足能源,中华儿女"而今迈步从头越"的豪迈之情油然而生,大踏步地进行社会主义建设。2019年9月26日,习近平总书记在大庆油田发现60周年之际致贺信,勉励大庆油田全体干部职工肩负起当好标杆旗帜、建设百年油田的重大责任。

大庆石油会战是一场集中优势打歼灭战的胜利会战,是在党领导下,集中力量办大事的社会主义制度优越性的体现。此后,伴随着石油勘探战略东移不断取得新的进展,从全国各地汇聚到大庆参加会战的石油队伍,在不断地补充新的血液之后,又增援渤海湾,剑指下辽河,西征塔里木,会师陕甘宁……掀起了一次又一次的石油会战高潮。一段段激情燃烧的岁月,一个个油气田的探明并投入开发,在石油工业快速崛起的壮丽画卷上留下了石油科技进步的印迹。

石油埋藏在地下,地质学家首先要依靠科学的地质理论,在头脑里预测可能储藏石油的地域。1962年9月23日,奋战在渤海湾的石油人在山东东营钻探的营2井获得日产555吨的高产油流,从而拉开了渤海湾盆地油气勘探开发的序幕。他们在济阳坳陷整体勘探了12个二级构造带,在满怀希望的期待中,却遇到了储量增长慢、新建产能少、原油产量大幅度下降等重大难题。为此,地质学家进一步获取资料、分析数据,推演出了独特的复式油气聚集(区)带理论。在这种理论指导下,不仅胜利油田的勘探开发实现了新突破,渤海湾盆地其他地区的油气勘探也先后告捷,大港、辽河、华北、中原、冀东等油田相继投产。"渤海湾盆地复式油气聚集(区)带勘探理论及实践——以济阳等坳陷复杂断块油田的勘探开发为例"

获 1985 年国家科学技术进步奖特等奖。

国家制定了"稳定东部、发展西部、油气并举、开拓国际"的战略部署。在这一科学决策的指导下，1989 年 4 月，拉开了在塔里木盆地勘探油气的帷幕。以邱中建、童晓光、贾承造、孙龙德为代表的科技工作者，总结了教训和经验，不断取得理论和技术的突破，终于揭开了大漠之下的神秘面纱，先后成功发现了克拉 2 气田（图 1-4）、塔河油田等油气田。塔里木油气大发现，促成了西部大开发的标志性工程——西气东输工程的建设，开启了中国大规模利用天然气这种清洁能源的新时代。"克拉 2 大气田的发现和山地超高压气藏勘探技术"获 2001 年国家科学技术进步奖一等奖。

图 1-4　克拉 2 气田（塔里木油田提供）

"庆阳石油有希望"，这是毛泽东主席在陕甘宁石油会战时期说过的一句话。为了把希望变成现实，几代长庆石油人凭借坚定的信念、奉献的精神和科技的力量，在 37 万平方千米的鄂尔多斯盆地掀起了一场征服低渗透油气藏的科技革命（图 1-5）。长庆石油科技工作者提出了"重新认识鄂尔多斯盆地、重新认识低渗透、重新认识自己"的理念。针对盆地气藏控制因素复杂、储层非均质性强、地表条件差等一系列难题，形成了一套适合盆地特点的综合勘探配套技术,快速探明了苏里格大气田,相关技术成果获 2002 年国家科学技术进步奖一等奖。2020 年,长庆油田油气年产量突破了 6000 万吨大关,占全国油气年产量的 20% 以上,被誉为"西部大庆"。低渗透革命的胜利,使长庆油田成为中国油气产量的"制高点"。

图 1-5 "绿色生态"油田(长庆油田提供)

"海上大庆"铸就丰碑。1960 年,在南海莺歌海英冲井捞起了 150 千克原油,昭示中国石油工业开始关注浩瀚的海洋。1978 年 3 月 26 日,中共中央批准海洋石油勘探开发对外合作,"海上特区"吸引了世界各大石油公司。1980 年,中国与法国、日本签订海上油气勘探开发合同,海上油气对外合作正式打开了局面。1982 年 2 月 15 日,中国海洋石油总公司(简称中国海油)成立,海上油气勘探开发以国际化标准走上了快车道。中国海油在峥嵘岁月中尽显体制机制优势，陆续形成了10大配套技术，实现了第一次水下机器人作业、第一次水下跨接管连接、第一次多功能液压控制……2010年，中国海油油气产量突破5000万吨，"海上大庆"终于圆梦，2020年底，油气产量达到了6500万吨。以"海洋石油981"钻井平台为代表的大国重器为中国"石油海军"走向深蓝提供了利器（图1-6）。"超深水半潜式钻井平台研发与应用"获2014年国家科学技术进步奖特等奖。中国海油对外开放、合作共赢、自主创新、深化改革、科学发展的大格局，使其具备了面向全世界所有海域进行油气勘探开发的能力。

图1-6 "海洋石油981"钻井平台（中海油田服务股份有限公司提供）

天然气工业，异军突起。20世纪末，中国的石油开采稳中有升。进入21世纪以来，天然气工业蓬勃发展，在鄂尔多斯、四川、塔里木、柴达木、松辽和珠江口等盆地,一大批高产气田相继投入开发。2020年,中国天然气年产量达到了1888亿立方米,中国石油天然气集团有限公司(简称中国石油)的天然气产量相对石油产量,首次占据"半壁江山"。伴随天然气工业快速发展,配套建成的储气库调峰能力也突破了100亿立方米,我国六大调峰中心初步形成,天然气"产供储销"体系逐步完善。

美国的"页岩气革命",使美国实现了能源独立,震撼了世界石油界。中国页岩地层涵盖海相、陆相和海陆过渡相地层,页岩气资源丰富,但平均埋藏深度深于北美地区,开采难度很大。21世纪以来,中国页岩气开发者奋起直追。2006年,中国石油西南油气田公司率先在四川开展页岩气地质评价和野外地质勘查。2009年12月,第一口页岩气评价井——威201井开钻,成为中国页岩气开采的重要里程碑。2012年11月,中国石油化工集团有限公司(简称中国石化)勘探南方分公司在四川涪陵部署了第一口海相页岩气井——焦页1HF井,完钻测试获日产20.3万立方米的高产工业气流,后建成中国最大的页岩气田——涪陵气田(图1-7)。2017年,"涪陵大型海相页岩气田高效勘探开发"获国家科学技术进步奖一等奖。2016年,国家能源局发布《页岩气发展规划(2016—2020年)》,标志着从国家层面开始主导中国的页岩气革命。历经十余年的探索实践,通过技术引进、攻关、管理创新和政策扶持,丰富了页岩气勘探理论,研发了符合中国地质条件的页岩气开发主体技术,实现了主要装备和工具国产化,建立了配套的标准规范体系,成功实现了四川长宁—威远、重庆涪陵、云南昭通、陕西延安等国家级页岩气示范区的规模有效开发。2020年,中国页岩气年产量达到200亿立方米,居世界第二位。

图1-7 涪陵页岩气田礁石坝区块作业现场(江汉油田提供)

二、炼油化工 闪耀东方

五朵金花，绚丽绽放，神州炼化起苍黄。千万吨炼厂，百万吨乙烯，座座高塔披霓裳。

中国虽然是世界上最早发现和利用石油的国家之一，但在新中国成立初期，石油炼制技术却十分落后。全球第一座炼油厂于1857年8月在罗马尼亚诞生，而时隔50年后的1907年10月，中国才在延长石油官厂修建了一个小小的炼油房。包括人造油在内，1949年全国加工原油只有11.6万吨，炼制的油品只有12种，汽油、煤油、柴油等合计产量仅3.5万吨。当时国内消费的石油产品90%以上要依赖进口"洋油"。

新中国成立后，随着中国油气产量的增加，炼化工业在技术引进、消化、吸收、创新中不断进步。

国民经济三年恢复时期，国家重点恢复、技改、扩建了玉门炼油厂和延长炼油厂，同时积极恢复和改造东北人造石油工业，并在茂名建立了人造石油基地。与天然石油的开采相比，人造石油的成本过于昂贵。

第一个五年计划期间，中国第一次大规模引进国外（苏联）装备、技术，建设了第一座大型现代化炼油厂——兰州炼油厂，一期工程设计规模为年加工原油120万吨，生产16种油品。

也是在这一时期，国家决定将苏联援建的156项工程中的一座化肥厂和一座合成橡胶厂建在兰州地区。1956年，兰州化肥厂和兰州合成橡胶厂同时动工。1957年，根据中共中央关于化学工业要综合利用资源的指示，

图1-8 黄河岸边的大型炼化基地（兰州石化提供）

决定将两厂合并，成立了兰州化工厂。1960年，兰州化学工业公司（简称兰化公司）成立，在引进了多套石油化工、化纤装置后，成为中国第一个石油化工基地（图1-8）。

从1961年开始，中国对已有的炼油厂进行了为期三年的炼油技术升级更新。石油工业部炼油专家侯祥麟牵头组织流化催化裂化、催化重整、延迟焦化、尿素脱蜡以及炼油催化剂和石油添加剂等5个方面的工艺技术攻关，取得了显著的成就，为中国炼油工业带来了巨大改变，这5项技术被誉为石油炼制"五朵金花"。1978年，这些成果均获得了全国科学大会奖。

1960—1971年，以石油工业部为主，相关省、市政府配合，先后建设了茂名、大庆、南京、胜利、东方红、荆门、长岭等7个大型炼油厂，中国炼油厂由单一生产燃料油品逐步向综合利用石油资源、生产多种化工产品的方向奋起直追。

针对中国工业相对西方国家落后的状况，1973年1月，国家计划委员会向国务院建议在3至5年内引进价值43亿美元的成套设备，史称"四三方案"。据此，从美国、德国、法国、日本、荷兰、瑞士、意大利等国家大规模引进成套技术和设备。这是继"一五"期间从苏联引进装备、技术之后，第二次大规模更新技术装备。利用引进的装置，配套国产设备和材料，兴建了一批大型炼化项目，使中国炼化工业跨入了一个新阶段。

合成橡胶、合成纤维、合成塑料三大合成材料是重要的战略物资，是加强国防和国民经济建设不可或缺的基础原料。20世纪70年代，中国三大合成材料产量不足世界总产量的1%，基本依靠从国外进口。为迅速改变这种状况，以综合利用石油资源为主，国家采取集中力量分期分批打歼灭战的战术，组织了三大合成材料技术攻关，形成了具有中国特色的三大合成材料技术体系。因顺丁橡胶合成技术研发取得的重大突破和对国民经济的重大贡献，"顺丁橡胶工业生产新技术"获1985年国家科学技术进步奖特等奖。

1991年，中国石化提出了"一条龙"联合攻关项目，进而演化成为"十条龙"科技进步计划，其中乙烯生产技术的研发被放在重要地位。20世纪80年代末，开展裂解炉及乙烯分离技术的研发，并在抚顺石化公司、盘锦石化公司完成了新增2万吨/年和6万吨/年乙烯扩能改造。自此，在继续引进国外先进技术的同时，乙烯装置国产化进程不断加快。2005年以来，中国石油、中国石化等陆续新建了12套规模为80万吨/年以上的乙烯装置，使中国成为仅次于美国的世界第二大乙烯生产国。"开发建设10万吨大型裂解炉"获2006年国家科学技术进步奖二等奖，"高效环保芳烃成套技术开发及应用"获2015年国家科学技术进步奖特等奖。

进入21世纪，炼油厂大型化已经成为世界炼化工业的主导趋势。但是，由于历史原因，中国大型炼油厂的建设技术相对落后，多项技术受制于其他国家。为此，中国石油设立"千万吨级大型炼厂成套技术研究开发与工业应用"攻关项目，开展了产、学、研等"多兵种"征服"千万吨"会战，实现了研究院所、高等院校、生产企业、工程设计单位的深度融合。截至 2015 年，形成了具有自主知识产权的 78 项特色技术，千万吨级炼油厂 10 套主要生产装置工艺包和千万吨级大型炼油厂成套优化技术总体达到国际先进水平。

2012 年 10 月，中国石油具有自主知识产权的"大型乙烯装置工业化成套技术开发"成果率先应用于大庆石化 120 万吨 / 年乙烯改扩建工程并成功投产，百万吨级乙烯生产基地首现大庆。

改革开放以来，炼化产业爆发式发展。

炼化产业规模快速增长。中国的炼油加工能力从新中国成立初期的 11.6 万吨 / 年跃至 2020 年的 8.8 亿吨 / 年。从 2003 年起，炼油加工能力已连续 17 年稳居世界第二位。2020 年，中国乙烯年产量为 3518 万吨，位居世界第二位，而合成橡胶年产量已连续 10 余年位居世界第一位，合成纤维年产量已连续 20 余年位居世界第一位。中国的炼化产业已经迈出了集约化、规模化、电子化、信息化的步伐，百万吨级乙烯、千万吨级炼油装置成批建设，500 万吨规模以下的炼油厂逐渐成为历史。截至 2020 年底，全国千万吨级炼油厂已达 30 家，一大批炼油化工一体化的大企业不断崛起。茂名石化公司（简称茂名石化）、镇海炼化公司（简称镇海炼化）、惠州炼化公司（简称惠州炼化）、浙江石油化工有限公司（简称浙江石化）、大连石化公司（简称大连石化）、恒力石化股份有限公司（简称恒力石化）六大公司已跻身世界级大炼油厂行列（炼油能力达到 2000 万吨 / 年）。中国炼化产业规模的迅猛发展震惊了世界。

炼化产业布局大幅调整。园区化、基地化、炼化一体化建设日新月异，有"油"就有"化"，单纯炼油的时代已经过去，全国大部分地区都相继建成大型炼化一体化企业。国家正在规划建设大连长兴岛、上海漕泾、广东惠州、福建古雷、河北曹妃甸、江苏连云港、浙江宁波七大石化产业基地。中国的炼化产业结构持续优化，高端产品大幅增加，产业链不断延伸，拥有了完整的石油化工工业体系。

油品质量持续提高。2000年1月1日，中国全面停止含铅汽油的生产，从2003年开始，用十几年时间实现了从国Ⅰ至国Ⅵ汽柴油标准的历史性跨越，完成了西方国家三四十年才实现的油品质量升级过程。中国油品质量标准已赶上西方国家的先进水平，部分指标已经实现超越。中国的炼油深加工、综合利用能力不断提升，在支持成品油质量升级、保障对国内外原油的加工利用、增加产品品种、确保国民经济发展需要等方面发挥了重要作用。

炼化技术实现跨越式发展。通过自主创新、科研攻关，开发和引进、消化、吸收相结合的方式，从跟跑到并跑，再到超越，炼化技术总体上已达到世界先进水平，部分处于世界领先水平。中国炼化工业拥有一批具有自主知识产权的核心技术和专有技术，如重油加工技术、清洁油品生产技术、高品质润滑油生产技术、"三烯""三苯"石油化工原料生产技术、三大合成材料技术、化工特色产品生产技术等。中国已具备自主建设现代化千万吨级大型成套炼油装置的工程技术能力，拥有生产相当于欧Ⅴ、欧Ⅵ质量标准汽油和柴油的核心技术，渣油转换、提高轻油收率、多产汽油和芳烃、多产航空煤油、油化综合等多系列技术已经取得突破。中国炼油所需的催化剂不仅已实现自给，支持了本行业的可持续发展，而且部分产品外销出口，部分技术已出口转让，在国际上赢得了良好声誉。中国一些大型炼油厂已具备加工来自世界不同国家和地区160多种原油的能力，综合实力位居世界前列。

炼化工业的国际影响力继续提升。中国炼化工业实现了从"引进来"到"走出去"的华丽转身。中国成品油出口量一路猛增，1978年为240万吨，2017年仅汽油、煤油、柴油净出口量就达3950万吨，2018年更是突破4000万吨大关，达到4200余万吨。中国已成为继印度、韩国之后亚太地区第三大成品油净出口国。石化产品贸易形成大进大出、互通有无的局面，国际贸易十分活跃。中国石化、中国石油已跻身世界500强企业前5位，正在向世界领先清洁能源化工公司和综合性国际能源公司迈进。壳牌、埃克森美孚、巴斯夫、道达尔、韩国SK等大型国际石油石化公司纷纷来华寻求合作，或投资合作建厂，或设立研发中心与生产基地等，积极拓展在华业务，布局高端产品和产业。同时，中国炼化企业"走出去"效果显著，中亚、中东、非洲、东南亚、俄罗斯等国家和地区都有中国炼化企业的身影，他们与数十个国家开展了包括工程承包、劳务输出、合资建厂、炼油工程输出、技术改造、技术出口转让等方面的合作。

三、工程技术 各路争强

工程利器，件件铮亮，国际舞台放豪光；自主设计，高强度钢，油气通道连八方；沙漠公路，特大炼厂，环球市场征战忙；攻关不止，缜密加工，装备制造创牌靓。

新中国成立初期，中国的石油工程技术十分落后，钻机靠进口，钻头靠进口，钻杆靠进口，油管、套管靠进口……几乎全部靠进口，石油装备制造技术基本空白。

斗转星移，日月轮回。目前，中国的石油装备基本实现了国产化，制造水平达到国际先进，不仅能完全满足自用，而且大量出口。

在钻井领域，实现了深井钻井、高温高压钻井、深海钻井多项技术的突破，在塔里木油田打出了亚洲第一口超深井。中国石油研发的近钻头地质导向钻井系统和中国海油研发的旋转导向钻井及随钻测井系统，实现了在地层中调整钻头方向，精准钻达油气层的目标。"喷射钻井技术的研究与应用"和"埕北油田A钻井平台设计和海洋丛式钻井技术"均获1985年国家科学技术进步奖一等奖；"定向井、丛式井钻井技术研究"获1991年国家科学技术进步奖一等奖；"水平井钻井成套技术"和"6000米电驱动沙漠钻机"均获1997年国家科学技术进步奖一等奖；"近钻头地质导向钻井系统与工业化应用"获2009年国家技术发明奖二等奖。依靠这些先进的技术和装备，攻克了超深、高温、高压、漏失等难题，发现和开发了一个又一个大油气田，开辟了深海油气、可燃冰、页岩气等一个又一个新领域。目前，中国的钻井施工服务队伍几乎遍布全球。

在物探领域，东方地球物理勘探有限责任公司（简称东方物探）研发的 GeoEast 软件系统，已经彻底改变依赖技术引进的局面；自主研发了万道地震仪和大吨位可控震源，以及地球物理软件系统，同时开发应用了复杂山地地震勘探技术、"两宽一高"地震勘探技术、碳酸盐岩及火成岩地震勘探技术、深海地震勘探技术、非常规地震勘探技术、井中地震勘探技术、综合物化勘探技术等，使我国石油地球物理勘探技术跻身于世界一流行列。"数字地震勘探技术的应用与发展"获 1985 年国家科学技术进步奖一等奖；"塔里木盆地和准噶尔盆地沙漠腹地地震勘探新技术"和"银河地震数据处理系统"获 1987 年国家科学技术进步奖一等奖。

在测井领域，中国石油研发的 CPLog 快速与成像测井成套装备和 LEAD 测井处理解释一体化软件，成为石油工程技术领域里的又一重大成果。全新一代多井评价软件 CIFLog2.0，采用分层式组件架构体系，建立支持多源异构多井数据的数据层，搭建覆盖所有测井图件的二维绘图框架和图形组件库，实现支持多井工区展示的三维可视化显示功能，通过智能感知、非线性增维交会、非对称点对点交互对比等交互技术，形成功能完整、运行稳定、交互能力强、功能可扩展的全交互测井基础平台，实现单井评价到多井综合评价的重大跨越，为风险勘探提供重要技术支撑。同时，在酸性火山岩测井解释理论、方法与应用，低阻油气藏测井识别与评价技术和特殊工艺井射孔技术等方面取得了重要进展。

在井下作业领域，千型压裂成套装备的研发成功，填补了国内空白（图 1-9）。同时，体积压裂、酸化压裂、试油（气）、修井、射孔、带压作业、地层测试等技术向高端发展，生产效率和效益越来越高，为经济有效开发超低渗透油气田、页岩气、页岩油提供了"金钥匙",打开了长庆油田建成 6000 万吨油气年产量、四川盆地 200 亿立方米页岩气年产量的"大门"。"水平井钻完井多段压裂增产关键技术及规模化工业应用"获 2012 年国家科学技术进步奖一等奖。

图 1-9　大型压裂现场（塔里木油田提供）

在工程建设领域,管道建设技术及材料已走在世界前列。西气东输工程,特别是 X70、X80 高钢级管材技术的应用,展现了中国管道建设的高端水平（图 1-10）。中亚天然气管道工程,建成了世界最长的输气管道。中俄天然气管道工程,实现中国天然气管道建设高端技术的大集结。渤海月东油田海底管道的建成,实现了中国管道建设从陆上到海底的跨越。2020 年,中国新建成油气管道里程约 5081 千米,油气管道总里程累计达到 14.4 万千米。中国已经形成横跨东西、纵贯南北、覆盖全国、连通海外的油气管网格局。"塔里木沙漠石油公路工程技术研究"获 1996 年国家科学技术进步奖一等奖。"西气东输工程技术及应用"获 2010 年国家科学技术进步奖一等奖。"我国油气战略通道建设与运行关键技术"获 2014 年国家科学技术进步奖一等奖。

图 1-10 管道建设现场（引自《西气东输工程志》）

在机械制造领域，中国的石油石化装备制造能力迅速提升，除国有大型制造企业外，民营石油石化装备制造企业也在蓬勃发展。自主制造、创新制造、智能制造、品牌制造已成为石油石化装备制造企业的强项。中国所需要的石油石化装备和材料，已由依赖进口转变为完全自主制造，并大量出口。特别是万米深井钻机、120万吨级乙烯装置、3000吨超级浆态床锻焊加氢反应器等"中国制造"的石油装备，打破了少数大型石油公司的技术垄断，异军突起，改变了国际市场的格局。

四、走向海外 天阔地广

两种资源，两个市场，旗舰出海畅五通；四大通道，五大区域，谱写海外新篇章。

改革开放以来，中国石油企业纷纷"扬帆出海"，开始在世界各地打拼出另外一番创业图景。为了保障国家能源安全，1993年，中国石油率先实施"走出去"战略，海外队伍不断扩大，科技实力不断增强，在中标秘鲁塔拉拉油田作业权后，又相继获得苏丹、委内瑞拉、哈萨克斯坦、伊拉克、阿拉伯联合酋长国等国家的一批合作项目，逐步开创海外油气勘探开发、工程技术服务和国际贸易三位一体的海外合作新局面（图1-11）。随后，中国石化、中国海油等企业迈着坚实的步伐，向海外能源领域挺进，并取得了一系列骄人的成绩。

图1-11　石油企业开展海外物探技术服务（东方物探提供）

能源合作是"一带一路"倡议的先行产业和重要引擎。2013年以来，紧紧围绕"一带一路"倡议的战略机遇期，持续深化与"丝绸之路"沿线各国全方位油气合作，扩大合作领域，丰富合作方式，推动油气投资、技术服务、工程建设、油气贸易、炼化销售、油气储运等业务一体化发展，国际化经营能力和水平全面提升。

五大海外油气合作区,"一带一路"当先锋。在中亚—俄罗斯油气合作区,积极落实油气资源,加强滚动勘探开发,实现阿姆河、阿克纠宾、PK等主力油气田稳产,亚马尔液化天然气项目建成投产(图1-12)。在中东油气合作区,发展高端合作优势,大力推进新油田产能建设和老油田上产工程,伊拉克哈法亚、鲁迈拉、艾哈代布,伊朗北阿扎德甘项目相继投产,实现了高效开发,建成年产能上亿吨。在非洲油气合作区,在苏丹、乍得、尼日尔等开展老油田挖潜和风险勘探,夯实资源基础,探索形成上下游一体化建设模式,建设投产苏丹喀土穆炼油厂。在美洲油气合作区,积极发展非常规油气业务,建成投产美国墨西哥湾Appomattox油田项目。在亚太海外油气合作区,重点是发展天然气及一体化项目合作,在印度尼西亚、澳大利亚开展天然气与非常规油气业务。

图1-12 亚马尔液化天然气项目现场(中国石油国际勘探开发有限公司提供)

四大油气战略通道,能源安全有保障。西北通道包括中哈原油管道、中亚天然气管道。中哈原油管道是我国第一条从陆路进口原油的跨国输油管道,全长2798千米,规划年输油能力2000万吨。中亚天然气管道是中国第一条引进境外天然气资源的陆上能源通道,共有A、B、C、D四线。A、B、

C 三线设计年输气量总计 550 亿立方米，D 线设计年输气量 300 亿立方米。东北通道包括中俄原油管道（东线）和中俄天然气管道（东线）。中俄原油管道全长 1030 千米，设计年输油量 1500 万吨；中俄天然气管道全长超 8000 千米，年输气量 380 亿立方米。西南通道指中缅原油管道和天然气管道。中缅原油管道全长 2400 千米，天然气管道全长 2500 千米。中缅油气管道所经地段地质构造复杂，需要穿越多道河流、海沟和高山，是国际上最复杂的管道建设项目之一。海上通道指我国沿海地区进口油气的通道，分为海上原油船运通道和液化天然气船运通道。截至 2020 年底，中国已经建成投产液化天然气接收站 22 座，进口液化天然气年接收能力达 8860 万吨。

三大海外油气运营中心，参与国际市场资源配置。亚洲油气运营中心，以新加坡核心贸易区为基础，区域涵盖东北亚、东南亚、南亚、澳大利亚等。欧洲油气运营中心，以英国伦敦核心贸易区为基础，涵盖欧洲、西非、北非地区。美洲油气运营中心，以美洲核心贸易区为基础，涵盖南美、中南美和北美地区，参与 WTI（West Texas Intermediate）基准油和天然气亨利指数交易，成为美洲地区重要油气交易商。

海外业务进入规模发展新阶段，分享全球资源和市场的能力逐步增强。在走向海外的进程中，从秘鲁项目起步，到形成海外十大优势技术，推动了五大海外油气合作区的快速发展，有效地保障了国家能源安全，也与资源国建立了互惠互利、合作共赢、和睦相处的友好关系。特别是率先建成的中亚油气合作示范区，被誉为对外油气合作的典范。"苏丹 Muglad 盆地 1/2/4 区高效勘探的技术与实践"获 2003 年国家科学技术进步奖一等奖，助力建成中国石油在海外的第一个千万吨级大油田（图 1-13）；"中国石油海外合作油气田规模高效开发关键技术"获 2011 年国家科学技术进步奖一等奖，实现了中国技术在海外油气勘探开发中落地生根;"中东巨厚复杂碳酸盐岩油藏亿吨级产能工程及高效开发"获 2019 年国家科学技术进步奖一等奖,实现了在中东地区高端油气市场项目开发的重大突破,具有里程碑意义。

图 1-13　苏丹穆格莱德(Muglad)盆地 1/2/4 区生产现场(中国石油国际勘探开发公司提供)

装备制造出口业务升级,向"制造+服务"转型。持续推动产品创新和技术升级,推进产品向价值链中高端迈进。持续实施自主创新重大技术装备推广应用计划项目,国际产能及技术合作取得新进展。添彩"中国制造 2025",让世界感受到中国"石油军团"的信誉和科技实力。

工程建设队伍走向海外,在国际竞争中赢得市场份额。工程技术和工程建设服务企业从总承包商转变为综合服务商。从国内走向海外国际市场,积极转型升级,优化业务结构,建设"六精"队伍,打造"十大利器",突出配套技术和特色技术研发应用,在全球开展物探、钻井、测井、录井等技术服务,并承担油气田建设、油气储运、炼油化工、环境工程等建设项目,把最好的队伍、最好的设备、最好的技术带上国际舞台,屡屡创造佳绩。

五、科技创新 石油脊梁

科技插上金翅膀，全球位列前三强。

如果说初心和信仰是新中国石油工业的精神魂魄，那么科学技术就给了新中国石油工业以坚强的骨骼。中国石油工业的突飞猛进，石油科技是最重要的驱动因素。据 2020 年统计数据，石油科技的贡献率达到了 61% 以上。石油科技，挺起了中国石油工业发展的脊梁。纵观中国石油科技的发展，呈现出四个鲜明的特点。

特点之一：科技历程，拾阶而上

中国石油工业由弱转强的历程，是一部科学技术引领的创业史，是一部学、赶、创、超的发展史，由学习追赶再到领跑的 70 年间，大体分为"四个阶段"。

20 世纪 50 年代为学习阶段。主要是学习借鉴外国经验，特别是当时苏联的经验，着手培养石油专业人才队伍，建立科研院所和机构，开展油气资源调查，探索发展路径，成功开发了新中国第一个大油田——克拉玛依油田。

20 世纪六七十年代为自主创新、快速发展阶段。以大庆油田的发现和开发为标志，中国石油工业进入了一个新的转折点，石油科学技术的研发能力初步形成。

20 世纪八九十年代为自主攻关与引进相结合阶段。中国从实际国情出发，引进学习各国的先进技术，组织了多个五年攻关战役，缩小了与石油强国之间的差距。塔里木深层油气田开发进入实质性开发阶段，海外油气开发进入攻坚阶段。

世纪之交，为国内国外两个空间互动发展、石油石化技术水平跻身世界先进行列阶段。在实施"走出去"国际化经营战略过程中，在石油科技领域，中国石油石化企业国内发展与国外锤炼相结合，经受了国际市场的检验，开阔了视野，增强了竞争实力。"西部大庆""海上大庆""海外大庆"捷报频传。

特点之二：科研成果，灿烂辉煌

中国石油工业的诸多科学技术成就，荣获多项国家级殊荣（图1-14）。新中国成立以来，先后获得国家自然科学奖、国家科学技术进步奖、国家科技攻关奖、国家发明奖等1000余项。陆相生油理论被誉为同"两弹一星"并列的国家重大科技成就，"大庆油田高含水期'稳油控水'系统工程""大庆油田长期高产稳产的注水开发技术""大庆油田高含水后期4000万吨以上持续稳产高效勘探开发技术""渤海湾盆地复式油气聚集（区）带勘探理论及实践——以济阳等坳陷复杂断块油田的勘探开发为例""超深水半潜式钻井平台研发与应用""高效环保芳烃成套技术开发及应用""顺丁橡胶工业生产新技术"7项成果获得国家科技进步奖特等奖。

特点之三：科技团队，人才辈出

在中国石油工业科技发展进程中，中国培养出了一支学科配套齐全、知识结构和年龄结构梯次匹配的石油人才队伍。涌现出一批知识渊博、经验丰富的老专家，培养出一批朝气蓬勃、积极进取的青年专家，成长出一批攻关不止、卓有建树的学科带头人，打造出一批业务精湛、知识广博的复合型人才和高层次的科技管理精英。石油科研技术人员由新中国成立之初的不足百人，发展到了如今的数万人，其中两院院士60余人。人才队伍成为支撑中国石油工业的强大基石。

图1-14 1985年,"大庆油田长期高产稳产的注水开发技术""渤海湾盆地复式油气聚集(区)带勘探理论及实践"获国家科技进步奖特等奖。左起王德民、李虞庚、王涛、翟光明、刘兴才(引自《塔里木的答卷》)

特点之四:科技实力,铜墙铁壁

中国石油工业科技发展的实力突飞猛进,大大增强了参与国际竞争的底气,筑起了石油工业抵御风险的铜墙铁壁。中国建成了一大批国家级重点实验室和国家级研发中心,铸就了科技创新的堡垒,仅中国石油就拥有21个国家级科研平台,有力地支撑了石油工业科技发展。近十年来,石油行业牵头组织了唯一企业牵头的国家级科技重大专项。

奋进新时代,展示新担当;迎接新挑战,实现新梦想。在新的历史时期,石油人将牢记习近平总书记关于保障国家能源安全的一系列指示精神,继续为祖国"加油争气",不断创造新的辉煌。

第二篇
油龙气虎啸神州

　　回顾中国石油天然气工业走过的历程，就会看到闪烁着龙虎精神的时代闪光点：

　　中国石油天然气工业的发展，抓铁有痕，踏石留印；

　　中国石油天然气工业的发展，龙腾虎啸，叱咤风云；

　　中国石油天然气工业的发展，星汉灿烂，亮点缤纷……

一、大庆奇迹

1959年，临近国庆的一天，一股热流在松嫩平原上喷涌而出，大庆油田横空出世！在随后的石油会战里，伴随着"宁肯少活二十年，拼命也要拿下大油田"的呐喊，"贫油国"的帽子被彻底扔进了太平洋！大地深处喷射的不只是石油，还有新中国创业者们奔腾的激情。大庆奇迹，是社会主义中国的奇迹，是石油工人创造的奇迹，更是石油科技创新的奇迹。

在世界石油界普遍认为陆相地层很难找到大油田的背景下，中国地质学家依靠陆相生油理论，找到了世界级的特大油田，突破了石油科学的禁区。

在经济极端困难的情况下，中国倾力组织了一场惊天地、泣鬼神的石油大会战，用三年时间就拿下了特大油田，创造了社会主义集中力量办大事的中国速度。

大庆油田是新中国第一次完全依靠自己的科技力量建成的特大油田，一举摘掉了中国石油工业"贫油"的帽子，结束了使用"洋油"的历史，在石油科技领域真正实现了独立自主。

依靠持续不断的科技进步，大庆油田快速跨上原油年产量5000万吨的台阶，并稳产27年；在油田进入特高含水期后，依靠三次采油等新技术，又连续12年年稳产原油4000万吨以上，这一奇迹在世界油田开发史上至今仍是绝无仅有的。

大庆油田是中国工业史上的一面旗帜，培育出的大庆精神铁人精神已经成为中华民族的宝贵精神财富之一。放眼全球，能够孕育出可以支撑起一个时代精神力量的油田企业至今无出其右。"铁人"王进喜跳进泥浆池搅拌泥浆制服井喷的事迹至今仍广为流传（图2-1）。

图2-1 制服井喷的"铁人"王进喜（引自《铁人传》）

正是因为这些奇迹的诞生，大庆油田连创世界同类油田长期稳产的最高纪录，采收率稳居世界第一。同时，大庆油田也频获殊荣，共获国家自然科学奖一等奖1次，国家科学技术进步奖特等奖3次、一等奖3次，二等奖和三等奖百余次。

大庆奇迹

（一）陆相生油理论

科学的理论是指导石油勘探和开发的"灯塔"。石油地质理论是研究油气形成、运聚及保存等地质条件的理论，综合运用地质学、地球化学、地球物理学、地史学、数学、古生物学等多学科知识，来阐述石油及天然气在地壳中的形成过程、运移状态及分布规律。

近代以来，全球石油地质理论界一直被"海相生油理论"把持着，多数学者认为"石油是海洋生物生成的"。而中国地层大部分属于陆相，即在陆地环境条件下沉积的地层。为此，一些"洋"地质学家给中国戴上了"贫油国"的帽子，在他们的眼里，没有海相沉积的地方，是不可能找到大油田的（图2-2）。

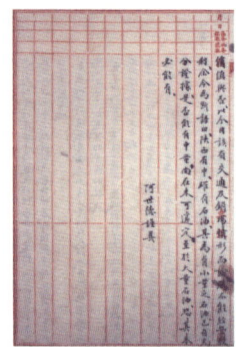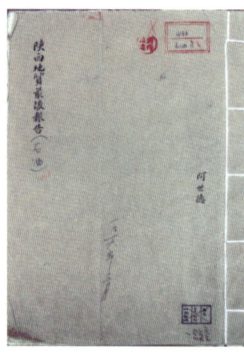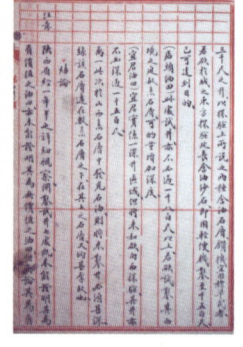

图2-2 1916年，美国人阿世德撰写的《陕西地质最后报告（石油）》，提出中国"贫油"论（大庆油田历史陈列馆提供）

中华民族的优秀儿女始终坚信，博大而无私的祖国母亲能够哺育五千年的文明，也一定会有哺育现代工业文明的乳汁——石油。老一辈的地质学家不崇洋媚外，敢于探索创新，结合多年石油勘探经验，开始建立具有中国特色的"陆相生油"地质理论。著名地质学家李四光在1928年撰文指出，美孚的失败，并不能证明中国没有油田可办。从20世纪二三十年代开始，以谢家荣、潘钟祥、黄汲清、孙健初等为代表的地质学家，先后到陕北高原、河西走廊、四川盆地及天山南北进行油气地质调查。1936年，孙健初以寻找石油为目的，三出嘉峪关，对玉门老君庙和石油沟进行了详细勘察；1938年冬，他与严爽、靳锡庚等一行九人骑着骆驼，顶风冒雪地到达了玉门老君庙；1939年，陆续钻浅井6口，发现了老君庙油田。中华人民共和国成立初期，在准噶尔、柴达木、塔里木、四川、鄂尔多斯等盆地找到了几处小油气田，拉开了中国陆相找油的序幕。

20 世纪 50 年代中期，中国石油勘探重点战略东移。在全部是陆相沉积的松辽盆地，能找到石油吗？陆相与海相之争，争到了会议室里，争到了勘探现场，争到了领导石油勘探会战的最高决策层面前。

时任石油工业部副部长、曾就读于清华大学地质系的康世恩，力挺陆相生油理论。他指出："石油生成的根本因素不在于海相或者陆相，而是两条：第一，有大量的有机物质；第二，有适当的还原环境，使这些有机物质在这个还原环境下密闭起来，在适当的温度和压力下生成石油。""这两个才是能否生成石油的根本问题，才是生成石油的根本依据。""这和木桶可以装水，铁桶也可以装水一样，你要找水的话，本质的根本的问题是有没有水，而不在于形式上是木桶还是铁桶。"同时，他还运用辩证唯物主义的武器分析和批判了迷信海相生油论、否定陆相生油论的错误。他列举了迷信海相生油论的"三个根本差别"，以及生油层、储油层、盖层、圈闭条件、古构造、油气运移和保存"七大要素"形成的条件和相互依存性。他还提出了油气盆地勘探从盆地的基岩、地层、构造、生油层、储油层和油气关系等六个方面入手和勘探分为战略侦察、战役侦察、战术侦察"三个阶段"的主张。

在陆相生油理论指导下，成功发现了特大型油田——大庆油田。原油产自白垩系陆相地层，油源岩也由陆相湖泊沉积物形成，厚度达 1000 米以上，分布面积非常广阔。这一重大突破，改写了单一海相生油论的石油地质学，雄辩地证明了陆相沉积不仅能够生成油气，还可以形成大中型油气田乃至特大型油气田。

陆相生油理论指导了松辽勘探实践，而大庆油田的发现又升华了陆相生

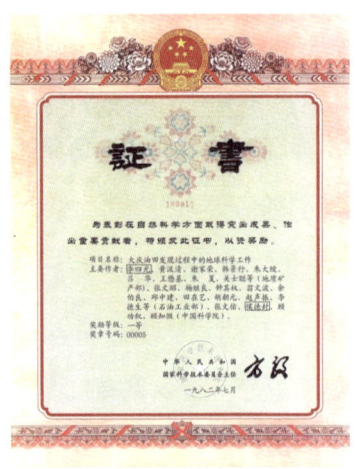

图2-3 "大庆油田发现过程中的地球科学工作"获国家自然科学奖一等奖

油理论,推动了石油地质学科推陈出新,拓宽了地质学者的眼界。

中国地质学家运用陆相生油地质理论,纠正了中国"贫油"的误判。康世恩为中国陆相生油理论的形成作出了巨大贡献。

1982年,"大庆油田发现过程中的地球科学工作"获国家自然科学奖一等奖(图2-3)。1991年,"陆相油气生成和成烃机理"荣获国家自然科学奖四等奖,这是小学科获奖的唯一一个项目。

扫描二维码下载AR App,打开应用程序扫描右侧图片,观看"石油的生成"AR展示

"石油的生成"AR展示

(二)大庆油田的发现

20世纪40年代,运用陆相生油理论指导勘探,最早在西北的玉门和独山子见到曙光。20世纪50年代,坚信陆相生油理论的地质工作者把这缕曙光捧到了东北松辽盆地,照亮了整个勘探历程,迎来了一轮朝阳。

那时，中国的石油产量远不能满足国家经济建设的需要，1957年的石油产量仅为145万吨，天然油和人造油年产量"平分秋色"。

针对石油行业存在的以发展天然油为主还是以发展人造油为主的争论，邓小平同志指出，中国这样大的国家，当然要靠天然油。党中央的决策认为，要在全国更大范围内开展石油勘探，把石油勘探布局向东部转移，以改变中国石油工业偏居西北一隅的局面。

1955年起，石油勘探"战略东移"提上议程，由地质部、石油工业部和中国科学院分工配合，先后在松辽平原和华北平原展开了全面的石油地质调查。

松辽盆地是由大兴安岭、小兴安岭、长白山脉环绕的一个大型沉积盆地，松花江、嫩江从盆地中穿过，盆地面积约为26万平方千米。距今1亿多年前的中生代侏罗纪和白垩纪，松辽盆地曾是一个大型的内陆湖盆，湖中和四周的生物十分丰富。进入新生代，大量的沉积物堆积在湖底，保存了丰富的有机物，湖盆逐渐上升、萎缩，形成了广袤无际、湖泊遍布的大平原。这个过程同海相地层中油气形成的机理本质上差别不大。由于陆相地层岩性变化大，因而其形成的油藏类型要比海相沉积更加多样而复杂。

1958年，地质部和石油工业部联合发出"三年攻下松辽""尽快在东北找出油田"的指示，拟定在松辽盆地中央做十条地质大剖面，查清盆地内部地层特征。

忧心如焚的找油人，联手在松辽盆地分工协作，相互配合，地质部负责普查，石油工业部负责布钻基准探井，中国科学院负责综合研究。

1958年3月，松辽盆地成为石油勘探战略东移的主战场；同年4月，石油工业部成立松辽勘探大队。1958年6月26日，《人民日报》发表消息向世人宣告，松辽盆地有石油，松辽平原不久将成为我国重要的油区之一。这无异于一声惊雷在中国大地上炸响。随后，石油工业部松辽石油勘探处升格为松辽石油勘探局，石油工业部在松辽盆地北部布钻松基一井、盆地中部布钻松基二井，这两口基准井使地质学家看到了盆地深层的岩心。

关键的松基三井承载着发现石油的希望被提上日程。松基三井的钻井任务由松辽石油勘探局 32118 钻井队承担，于 1959 年 4 月 11 日正式开钻。1959 年 7 月 22 日，康世恩与苏联专家在哈尔滨听取松基三井钻井取心情况汇报，获悉钻遇了油层，果断决定在 1461.76 米提前完井试油。石油工业部派固井专家、试油专家组成试油工作组到松基三井现场，指挥、组织射孔试油工作。同年 9 月 6 日开始射孔试油，射开层位为高台子油层；9 月 26 日，采用 8 毫米油嘴放喷测试，日产原油 13.02 吨。

松基三井喷油了！沉睡的"油龙"惊醒了！这是一个石破天惊的好消息，宣告了石油勘探"战略东移"取得重大突破！松基三井钻探成功，让百年来的贫油屈辱、半个世纪的苦苦寻觅、几代人的披肝沥胆，在这一天得到了大地丰厚的回报（图 2-4）。

图 2-4 松基三井喜获工业油流（引自《中国油气田开发志》）

为庆祝这一胜利,松辽石油勘探局向黑龙江省委、省政府,吉林省委、省政府及石油工业部发出了报捷电。

这一特大喜讯,证实了松辽盆地蕴藏着丰富的石油。喷油的消息以最快的速度传向了北京,传向了中南海。但是,出于保密的原因,没有对外发布。

时值庆祝新中国成立十周年之际,时任黑龙江省委第一书记的欧阳钦提议把松基三井所在的大同镇改名为大庆镇,石油工业部随即将发现的油田定名为"大庆油田"(图2-5)。

这个名字不但响亮,而且意义深远。从这一天起,"大庆油田"的名字蜚声全国,享誉世界。

图2-5 大庆油田发现井——松基三井(引自《回望石油发现井》)

(三)"三点定乾坤"

松基三井喷油,并不意味着马上就可以抱上"金娃娃"了,油田面积到底有多大、蕴藏了多少油还是一个谜。追踪"油脉"的探井往哪个方向扩展的思考,萦绕在地质学家的心头,需要尽快做出决断。

正在大家讨论的时候，时任石油工业部部长余秋里来到大庆镇考察。他在分析前期地质普查资料和听取地质学家意见的基础上，决定打破国外"以十字井1～2千米短距离向四周推进"的常规，大踏步"甩开勘探"，在长垣北部三个构造高点上，各布钻一口预探井，查看三口井是否组成彼此相连的油藏。这三口探井是萨66井、杏66井、喇72井（图2-6）。

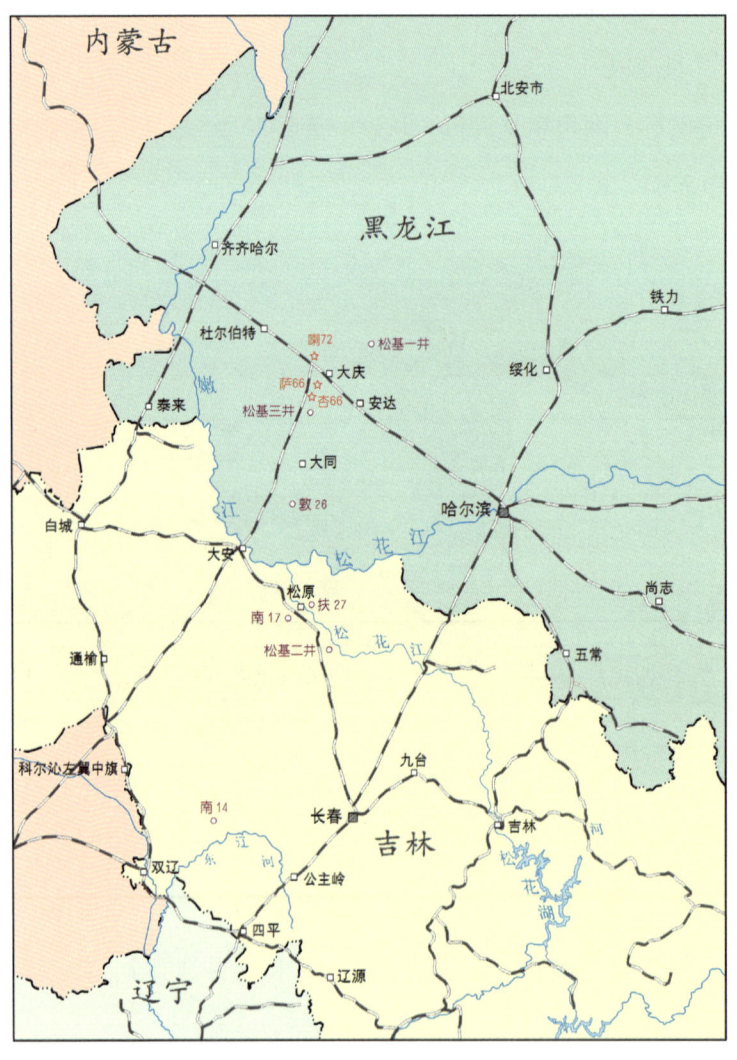

图2-6 松辽盆地勘探初期重点井位图——"三点定乾坤"（大庆油田提供）

萨66井，原名萨1井，是大庆油田萨尔图构造上的第一口探井，于1960年2月20日开钻，3月11日完钻喷油，试油初期最高日产量达148吨，生产能力远远超过大庆长垣南部的探井。会战领导小组根据萨66井的新情况和地质技术人员的分析，判定长垣北部的油层厚度大、产量高，且靠近铁路线，交通更便利，因此当机立断，改变会战部署，把主攻目标从大庆镇（今大庆市大同区）附近移往北部的萨尔图。1960年3月17日，会战领导小组下达命令：会战队伍挥师北上！寒冷依旧的春季，数万人的会战队伍进行了百里大搬迁，萨尔图构造成为大庆石油会战中心。

杏66井，原名杏1井，布钻在长垣中部杏树岗构造高点。于1960年3月17日开钻，3月30日完钻，4月10日用9毫米油嘴求产，又喷出了高产油流。

喇72井，布钻在长垣最北的喇嘛甸构造最高点，于1960年3月28日开钻，882米深处见到油砂，发现的油层厚度更大。4月25日射孔放喷求产，喷出的油流高度比萨尔图、杏林岗两处都要高。

两点成线，三点成面。"甩开勘探"的三口预探井相继喷出高产油流，表明南起敖包塔、北到喇嘛甸的800余平方千米的长垣地区是一个整装油气富集区，确定了大庆油田是埋藏比较浅的特大型砂岩油田。三口喷油井初步显现出大庆油田的含油轮廓，决定了大庆石油会战的主攻方向，因此人们称这三口井是"三点定乾坤"。

大庆油田的发现恰逢其时，辽阔的面积、丰富的储量，意味着中国将不会再为缺乏石油资源发愁。

（四）大庆石油会战

松辽盆地石油勘探的重大发现，掀起了大庆石油会战的热潮。

1960年2月20日，中共中央批准了石油工业部《关于东北松辽地区石油勘探情况和今后工作部署问题的报告》。石油工业部党组成立了松辽石油会战领导小组和临时工作委员会，黑龙江省委、省政府成立了支援松辽石油会战领导小组。1960年2月22日，中共中央作出从当年退伍兵中动员三万人参加开发新油田工作的决定。国务院协调全国各地、各行业全力以赴支持松辽（大庆）石油会战。全国有5000多家工厂企业为大庆生产机电产品和设备，200个科研设计单位在技术上支援会战（图2-7）。1960年3月初，一万多名由新疆、玉门、四川、青海等老油田启程的石油职工和石油大专院校师生云集松辽。4月29日，在萨尔图草原上露天召开了石油大会战誓师大会（图2-8）。

图2-7 会师大庆的石油大军（引自《石油老照片》）

一场气壮山河的石油基地建设热潮在黑土地上掀起。茫茫的大草原上阴雨绵绵、处处泥泞、车辆难行。但一团团篝火闪烁，一片片帐篷错落，一阵阵鼓角连营，到处都是群情激昂、热血沸腾的宏大场面。

大庆石油会战是在困难的时期、困难的地区、困难的条件下展开的。当时，国家正处"三年困难时期"，国外援助突然中断，能拿出的资金很少。

四万多人、几十万吨设备器材,一下子涌到大草原上,生产、生活都出现了严重问题。特别是开发建设特大型油田,没有经验和做法可循。面对这种情况,会战临时工委的第一个决定是号召领导干部和全体职工学习毛泽东主席的哲学著作《实践论》和《矛盾论》,以科学的思维为指针,共同商讨开发建设好大油田的具体办

图2-8 大庆石油大会战誓师大会(引自《大脚印——大庆油田勘探开发历程揭秘(上部)》)

法。职工们一致认识到,这困难、那困难,都是暂时的,都是局部困难,而国家缺油才是最大的困难。石油职工一定要为国家争光、为民族争气,为了国家和人民的根本利益,迎难而上。以"铁人"王进喜为代表的会战职工发出豪迈誓言"石油工人一声吼,地球也要抖三抖""宁肯少活二十年,拼命也要拿下大油田",成为当时最鼓舞人心的时代强音。

大庆石油会战历时三年:第一年,基本探明含油面积,当年开辟生产试验区,生产原油97.1万吨;第二年,在开发试验区展开科学研究,探索合理开发的最佳方案,并进行基础设施建设;第三年,按照试验先行的试验结果确定了油田开发方针,编制第一个开发方案,决定把146平方千米的开发面积建成示范样板。1961年4月14日至5月9日,松辽石油会战领导小组组织召开了多次油田技术座谈会(图2-9)。1963年,大庆油田生产原

油 439.3 万吨，占当时全国原油总产量的 67.8%，为中国石油产品基本实现自给奠定了坚实基础。

图 2-9　松辽石油会战领导小组组织召开油田技术座谈会（引自《中国油气田开发志》）

1963 年 12 月，周恩来总理在第二届全国人民代表大会第四次会议上庄严宣告，中国人民使用"洋油"的时代，即将一去不复返了！

这是一个划时代的历史性转变。大庆石油会战的三年，是艰苦卓绝、无私奉献的三年，是全国"一盘棋"、协力同心的三年，是科研攻关、不断进取、胜利拿下大油田的三年。

大庆石油会战，打赢了一场靠石油翻身的"政治仗"，打出了中国人民的志气，打出了自力更生的科学技术水平。

这场气贯长虹的石油会战，在中国石油工业发展史上谱写了光彩夺目的篇章，至今仍在深深影响着中国独立自主走工业化发展道路的进程。

大庆石油会战是中国石油工业的一个闪光的转折点,从此,在中国大地上掀起了陆相油藏大开发的序幕。

(五)毛泽东主席号召工业学大庆

经过三年的艰苦奋斗,大庆石油会战使中国的石油产量大幅增加。

大庆石油会战取得的成绩及成功经验,得到了毛泽东主席的高度评价。1964年1月25日,毛泽东主席和周恩来总理等国家领导人在中南海会客室,听取了石油工业部部长余秋里关于大庆石油会战情况汇报后,毛泽东主席说:我看这个工业,就要这个搞法,向你们学习嘛!要学大庆!

1964年2月5日,中共中央下发通知,要求各地将石油工业部《关于大庆石油会战情况的报告》全文和录音传达到基层。由此,全国工业战线掀起了"学大庆"的热潮。

1964年4月20日,《人民日报》在第一版《学习大庆经验,把革命干劲和科学精神结合起来》的通栏标题下,发表了长篇通讯《大庆精神 大庆人》(图2-10)。编后语中写道:"大庆精神,

图2-10 1964年4月20日,《人民日报》刊登《大庆精神 大庆人》长篇通讯

就是无产阶级的革命精神。大庆人，是特种材料制成的人，就是用无产阶级革命精神武装起来的人。这种精神，这种人，正是我们学习的崇高榜样。"

大庆这面鲜红的旗帜在全国工业战线冉冉升起，高高飘扬。

大庆石油会战不仅创造了巨大的经济效益，有力地支持了国民经济度过 20 世纪 60 年代初的困难时期，培育形成的"爱国、创业、求实、奉献"的大庆精神和铁人精神成为中华民族精神不可分割的一部分，激励着一代又一代石油人不断为祖国奉献、为人民奋斗。

2021 年 2 月，经党中央批准，由中共中央宣传部组织，中共中央党史和文献研究院等单位编写的《中国共产党简史》，再次肯定了这一宝贵精神：以"铁人"王进喜为代表的大庆石油工人，为了早日甩掉中国"贫油"的帽子，以"宁肯少活二十年，拼命也要拿下大油田"的豪情，以"有条件要上，没有条件创造条件也要上"的决心，用三年多的时间，建设起了我国最大的石油基地——大庆油田，铸就了"爱国、创业、求实、奉献"的大庆精神铁人精神。

至今，大庆红旗仍然熠熠生辉、光彩夺目迎风飘扬。

（六）5000 万吨高产 27 年的"三大压舱石"

大庆油田一开发，就像飞奔的高速列车，沿着追赶国际先进水平的快车道快速前进。原油产量节节攀升，1966 年突破 1000 万吨，1976 年一举突破 5000 万吨，并连续稳产了 27 年，创造了世界级油田开发奇迹。

大庆油田长期稳产靠的是什么？靠的是为国争光、为民族争气的科学态度和不断创新的技术实力。

大庆石油人始终有着未雨绸缪的超前意识。从勘探发现到 5000 万吨以上持续稳产 27 年，再到进一步提高油气采收率的三次采油技术，每一个阶段都在挑战世界级难题，大庆油田始终坚持独立自主、自力更生的发展方向，依靠广大科技人员的创新力，研发出成系列具有自主知识产权的核心技术，赢得水驱开发和三次采油效果第一的世界美名。

在油田开发的进程中，大庆石油人始终坚持"三个提前"：提前预测油田开发趋势，提前做好工艺技术准备，提前进行开发方案试验。随着油田注水开发的动态变化，每 6 至 8 年进行一次技术更新换代，以适应油田地下形势的变化，"研究一代、储备一代、应用一代"的主导技术有序接替，形成了"超前 15 年研究、超前 10 年试验、超前 5 年配套"的技术创新战略，独创了一整套非均质多油层大型陆相砂岩油藏勘探开发理论和技术体系，取得了高产稳产时间最长、经济效益最好、三次采油应用规模最大、采收率最高的卓越成就。

大庆油田 5000 万吨稳产的 27 年，后半程十分艰难。接连打胜了"三个硬仗"：一是以"六分四清"（"六分"即分层注水、分层采油、分层测试、分层研究、分层改造、分层管理；"四清"即分层注水量清、分层产油量清、分层产水量清、分层压力清）为目标的精细注水开发保高产促稳产的"硬仗"（图 2-11）；二是动用老区的薄差油层接替稳产，控制含水上升速度的"硬仗"；三是加强油田外围勘探，扩大后备储量的"硬仗"。这三个硬仗环环相扣、紧密衔接，

图 2-11 "大庆油田长期高产稳产的注水开发技术"获国家科学技术进步奖特等奖

使大庆油田减缓了自然递减速度，在国家最需要石油的改革开放初期依然油流滚滚。

大庆油田在 5000 万吨稳产 27 年的奋斗中，三块"压舱石"的作用功不可没。

第一块"压舱石"——表外储层

由于大庆油田地质成因的特殊性，造成了地下油层多、层间变化大、厚度 0.5 米以下的表外储层十分发育，但是开发的难度极大。这些单独看起来很"瘦"、加起来又很"肥"的薄差油层，在许多国家都被认为是无法有效利用的"废料"，油田开发专家王启民（图 2-12）及其科研团队却认为这是有潜力可挖的资源宝藏。于是，他们进行了艰难的试验攻关，通过对 1500 多口井的地质解剖、分析、研究，以及对 4 个试验区、45 口井的先导性试采，取得了认识上的重大突破，为如何把表外储量变成产量找到了方法。表

图 2-12 油田开发专家王启民在观察岩心（引自《改革先锋——王启民》）

外储层的开采成功,扩大了开发领域,实现了世界油田开发史上一个新的突破。

第二块"压舱石"——分层开采、接替稳产

20 世纪 70 年代,采油工程专家王德民遵照"六分四清"和"高效注水分层开采"方案要求,发扬"三敢三严"(敢想、敢说、敢干、严肃、严格、严密)的科研精神,发明了具有世界领先水平的偏心注采系列工艺和工具,为大庆油田细分开采、动用薄差油层的储量接替稳产作出了突出贡献。在研究开发表外等薄差储层的过程中,试验成功了限流法压裂改造技术,打破了"有油不流"的禁锢。在 5000 万吨稳产的后期,王德民带领科研团队开展三次采油试验,挖掘了含水油层的剩余油潜力,大幅提高了总体采收率。

第三块"压舱石"——稳油控水

20 世纪 80 年代后期,由于连续多年注水开发,大庆油田的主力产油区相继进入特高含水开发阶段,如果继续沿用"提液稳油"的办法,地面技术系统不堪重负,经济效益将会大幅度降低。为此,以时任大庆石油管理局局长王志武为首的团队提出了"稳油控水"系统工程的新思路,举全局之力予以贯彻实施。开展"攻三难、过三关、一推进、保稳产"工程,力争三年含水率上升不超过 1%。经过团队联合攻关,取得超乎想象的巨大成果,有效地控制了产液量剧增的情况。与国家审定的"八五"油田开发指标相比,5 年累计多产原油 610 万吨以上,少产液 2.4 亿吨,增加可采储量 2500 万吨,累计增收节支 150 亿元,推动了大庆油田跨世纪稳产 5000 万吨。图 2-13 为技术专家开展"稳油控水"技术研讨。

图 2-13 技术专家开展"稳油控水"技术研讨
（大庆油田提供）

图 2-14 "大庆油田高含水期'稳油控水'系统工程"获国家科技进步奖特等奖

1996年，"大庆油田高含水期'稳油控水'系统工程"获国家科技进步奖特等奖（图2-14）。

（七）4000万吨稳产的"两大法宝"

产量自然递减是油田开发的客观规律，到开采中后期，大庆油田各区块含水不断增加，特别是喇萨杏油田进入高含水阶段，每从地下采出1吨油，由原来的基本不含水，发展到要带出六七吨水甚至更多，并有不断加剧的趋势。因此，从2003年开始，大庆油田老油区产量开始逐年下降。

油田开采发展到高含水阶段，按当时的剩余储量和技术水平预测，原油产量每年下降200万吨左右，十年内的总产量将下降到3000万吨。为保障国家能源安全，大庆油田提出"保持4000万吨以上再稳产十年"的奋斗目标。

资源有限，科技无限。大庆油田不畏艰难，勇于挑战高含水后期持续稳产的难题，组织3000余名科技人员，组成4个一体化研发团队，日夜攻关，探索出了保持4000万吨稳产的成套技术措施，收获了"两大法宝"。

第一大"法宝"——分散剩余油定量描述与精细采油配套技术

大庆油田首先从陆相生油理论的地质成因入手，运用沉积相研究成果自主研发了高度分散剩余油定量描述、储层精细描述、剩余油定量识别技术，为精细高效挖潜剩余储量的生产潜力提供了资源基础。有针对性地开展了以加密井网调整注采关系为核心的深度挖潜采油工艺技术系列研究，比规划累计多产原油2681万吨。

第二大"法宝"——三次采油配套技术

三次采油是通过注入气体、注入化学剂、超声波刺激、注入微生物或热力增温等方法提高原油采收率的采油技术。以王德民为首的科研团队，在1992年开始了三次采油的室内研究与现场试验，于1996年实现工业化应用，建成了世界上聚合物驱油规模最大的三次采油生产基地（图2-15），并首次揭示了聚合物黏弹性驱油机理，创新聚合物驱溶液配制及注入技术，使主力油田采收率比同类油田高出10到15个百分点，为大庆油田增加可采储量10亿吨，累计增产原油超亿吨，站到了世界三次采油技术的最前沿。为表彰王德民院士在分层开采技术和三次采油技术方面的杰出贡献，经何梁何利基金评选委员会申请，国际行星命名委员会将2016年新发现的一颗小行星命名为王德民星，编号210231（图2-16）。

图 2-15 大庆油田三次采油技术中的聚合物驱溶液配制与注入系统(引自《中国油气田开发志》)

图 2-16 2016年,何梁何利基金评选委员会在大庆油田宣布编号210231号小行星为"王德民星",左为王德民(引自《王德民传》)

"两大法宝"使大庆油田产量保持在 4000 万吨以上连续稳产 12 年，老油田焕发青春。"大庆油田高含水后期 4000 万吨以上持续稳产高效勘探开发技术"获 2010 年国家科学技术进步奖特等奖（图 2-17）。

图 2-17 "大庆油田高含水后期 4000 万吨以上持续稳产高效勘探开发技术"获国家科学技术进步奖特等奖

2019 年，大庆油田发现 60 周年，习近平总书记发来贺信：

> 值此大庆油田发现 60 周年之际，我代表党中央，向大庆油田广大干部职工、离退休老同志及家属表示热烈的祝贺，并致以诚挚的慰问！
>
> 60 年前，党中央作出石油勘探战略东移的重大决策，广大石油、地质工作者历尽艰辛发现大庆油田，翻开了中国石油开发史上具有历史转折意义的一页。60 年来，几代大庆人艰苦创业、接力奋斗，在亘古荒原上建成我国最大的石油生产基地。大庆油田的卓越贡献已经镌刻在伟大祖国的历史丰碑上，大庆精神、铁人精神已经成为中华民族伟大精神的重要组成部分。
>
> 站在新的历史起点上，希望大庆油田全体干部职工不忘初心、牢记使命，大力弘扬大庆精神、铁人精神，不断改革创新，推动高质量发展，肩负起当好标杆旗帜、建设百年油田的重大责任，为实现"两个一百年"奋斗目标、实现中华民族伟大复兴的中国梦作出新的更大的贡献！

2020年，大庆油田在大战大考中再次交出优秀的答卷：完成国内原油产量3001万吨、海外权益产量931万吨，双双超出计划；生产天然气47亿立方米，实现"连续增长"。合计完成油气产量4303万吨，继续保持4000万吨以上持续稳产（图2-18）。

图2-18　风雪中"忙碌工作"的抽油机（大庆油田提供）

（八）百年大庆的遐想

从1959年松基三井喷油算起，大庆油田已经开采60余年，累计生产原油24亿吨，占全国陆上原油总产量的37.6%，如果用每节可装60吨的油罐车装载，列车长度可绕赤道14圈。大庆油田60多年来为国家经济建设、社会发展作出了彪炳史册的贡献。

如今大庆油田已经步入了"老年期"。很多人在问：大庆油田的石油会不会采光？采光了怎么办？大庆人的回答是"当好标杆旗帜，建设百年油田"。

大庆油田组织编制了《大庆油田振兴发展纲要》，围绕油田振兴发展的主要目标、振兴发展的基础条件、振兴发展的总体部署、振兴发展的保障措施四个方面，详细阐述了油田面临的发展形势、任务和目标，规划了"畅想三部曲"。

第一部曲——固本强基

2017年至2019年（2019年为大庆油田发现60周年）。立足当好稳健发展的标杆旗帜，夯实基础，练好内功，构建形成稳油增气、内外并举、创新驱动、协调发展的业务格局。截至2019年底，油气产量保持在4000万吨以上。第一部曲已经完美收官。

第二部曲——转型升级

2020年至2030年（2029年为大庆油田发现70周年）。立足当好转型发展的标杆旗帜，深化改革、持续创新，通过加大"走出去"力度，加快同国际接轨步伐，加快拓展新的领域，实现业务结构的优化完善，油气产量达到4500万吨以上。

第三部曲——持续提升

2031年至2060年（2059年为大庆油田发现100周年）。立足当好百年发展的标杆旗帜，全面优化公司的组织结构、业务结构和人力资源结构，实现向国际化资源创新型企业的跨越，油气产量保持在4000万吨以上。

为实现百年油田梦想，大庆油田准备打出"三套组合拳"。

第一套"组合拳"——"守土扩疆"保百年

守土，就是要依靠老油田精准开发，依靠资源潜力不断增加，依靠新领域关键技术突破，依靠天然气快速上产，努力减少油田产量递减。在资源勘探上，解放思想，瞄准重点领域，突出常规油气精细勘探，加快致密油气勘探，开展泥岩油、页岩油等领域研究，为非常规资源、新能源产业发展提供资源基础。

扩疆，就是要"大庆外围找大庆""大庆下面找大庆""大庆之外找大庆""走出国门找大庆"。在国内，积极探索大庆油田地下奥秘，加快外围难动用储量开发，同时积极参与国内其他区域勘探风险合同招标，开辟大庆油田新的天地。在海外，坚持"走出去"战略，构建"做大中东、深耕非洲、发展中亚、拓展亚太、进入美洲"的市场开发格局。

第二套"组合拳"——"舒胸伸臂"保百年

舒胸，就是扩大业务范围；伸臂，就是延长业务链。在大庆区域，构建"1+6"产业体系，即突出龙头项目领衔带动、关联配套辐射延伸，着力构筑以油气为主导，以化工、汽车及配套、农副产品加工、新材料、新能源、建筑材料为重点的产业体系。推动"油头化尾"在特色园区建设、产业链谋划，打造多方联动、合力攻坚的工作格局，打造完整闭合、上下衔接的产业链条，创新方式方法，延长大庆油田生命周期。

第三套"组合拳"——科技利剑保百年

任何时候，油气产量都是大庆油田最浓的底色、最大的底气，也是安身立命之本。统筹考虑，强力组织攻关，依靠关键技术的创新发展和根本性突破，努力攻克特高含水率、特高采出程度开发期的资源有序接替、产量规模保持、经济效益改善等世界级技术难题。

"百年大庆"是大庆油田规划未来的一张具有极大发展魅力的蓝图，描绘了大庆石油人圆梦新时代的华丽篇章。

二、"磨刀石上闹革命"

黄土高原的地下是素有"磨刀石"之称的致密岩层，中国石油人在"磨刀石"上进行了一场轰轰烈烈的革命，开发了目前中国陆上第一大油气田——长庆油田。

长庆油田跨陕西、甘肃、内蒙古、宁夏、山西五省（自治区），勘探开发面积达 20 万平方千米。据地质专家的预测，鄂尔多斯盆地石油资源量 128.5 亿吨，天然气资源量 15.16 万亿立方米，油气资源总量 250 亿吨，是目前中国蕴藏油气资源最丰富的盆地。

20 世纪 70 年代起，这里爆发了一场低渗透油气藏开发技术革命。尤其是进入 21 世纪以来，采出的油气年产量逐渐赶超大庆油田，人们习惯上称长庆油田为"西部大庆"。

在这片红色的土地上，在这个神奇的大盆地里，不仅书写着革命年代的壮丽诗篇，还演绎着中国石油工业的新佳话（图 2-19）。

（一）中国陆上第一口油井与石油圣地

陕北，是一个神奇的地方。中国陆上第一口油井诞生在这里，中国的第一个炼油厂诞生在这里，"石马""双枪"等中国最早的石油商标也诞生在这里。

石油在这里最早投身了革命，这里炼出的煤油、擦枪油、蜡烛和石墨等产品，曾直接供党中央机关和红军各部队使用。

中国石油工业的第一位劳动模范出自这里。

毛泽东主席给石油工业的第一个题词还是在这里……

图 2-19 黄土高原上建成的大油田（长庆油田提供）

20 世纪初，中国人使用煤油灯照明已经相当普遍，国外煤油大量输入，造成对外贸易入超，白银外流严重，有识之士对开发国内石油的呼声越来越高。时任陕西巡抚的曹鸿勋等人提出"以延长煤油与外国煤油争衡……以中国之财力，开中国之利源"，延长油矿"非速自办，不能让外人之觊觎"。1904 年，延长油矿试办获准。1905 年，清政府筹建延长石油官厂。1907 年 2 月，钻机、人员相继到位。第一口井位勘定在延长县城西门外，6 月 5 日开钻，同年 9 月 10 日钻至 81 米见油，9 月 12 日投产，初期日产油 1～1.5 吨，日炼灯油 12.5 千克。其质量可与进口原油媲美，有"胜于东洋，能敌美产"的报道，一时"内外传颂，交相称赞"，轰动了朝野。

延一井的成功出油，成为中国石油工业的开端，结束了中国大陆不产石油的历史，填补了旧中国民族工业的一项空白。

延长油矿的开发规模小，生产出的石油数量也不多，却为抗日战争和解放战争作出了重要贡献。

1935年4月28日,中国工农红军解放延长,接管了陕北油矿探勘处本部及延长石油官厂(图2-20)。同年10月,中央红军北上先遣支队到达陕北,中华苏维埃政府西北办事处国民经济部部长毛泽民决定恢复延长石油厂的生产,以供应党中央机关和红军的需要,任命严爽为延长石油厂厂长,高登榜为特派员(党代表),

图2-20 延长石油官厂旧址(引自《中国油气田开发志》)

迅速组织恢复延长、永坪两地的生产,将永坪采出的原油用毛驴驮运到延长炼制,炼出了煤油、擦枪油,还加工出蜡烛、石墨等产品,为打破国民党对陕北根据地的封锁提供了短缺的物资。

在艰苦的抗日战争时期,延长石油厂共生产原油3155吨,经加工生产汽油163.94吨、煤油1512.33吨、蜡烛5760箱、蜡片3.98吨,以及擦枪油、凡士林、油墨、黄油等产品,满足了陕甘宁边区的运输、照明、印刷等需要,还以部分产品换取了大量布匹和其他物资,实现了"增加煤油生产,保障煤油自给,并争取一部分出口"的目标,直接支援了中国共产党领导的抗日战争。

1944年5月,陕甘宁边区召开劳模大会,延长石油厂厂长陈振夏被评为特等劳动模范。毛泽东主席为他题词"埋头苦干",高度肯定以陈振夏为代表的石油工人不畏艰苦、自力更生、艰苦奋斗的优秀品质(图2-21)。延长石油厂被誉为"功臣油矿"。

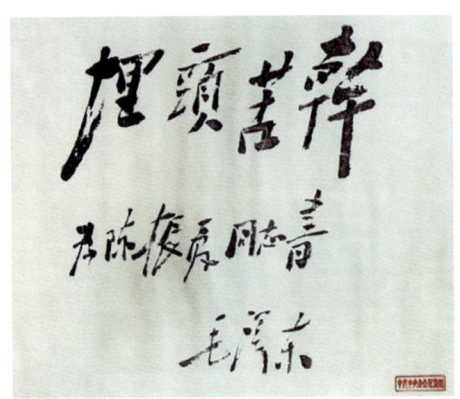 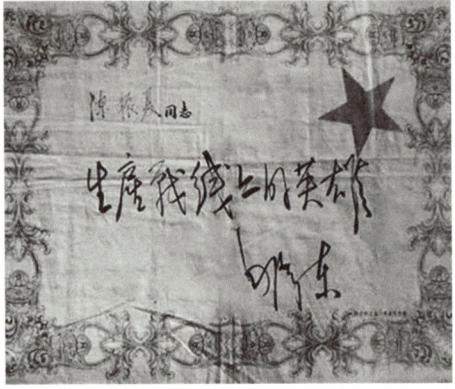

图2-21　毛泽东主席为陈振夏题词和题写的奖状(引自《中国油气田开发志》)

延长油矿的石油化作延安窑洞的盏盏灯火。这片灯火,照亮了一孔孔窑洞,照亮了黄土高原,也照亮了中国革命的万里征程。

1996年11月20日,国务院公布"延一井"旧址为全国重点文物保护单位,被列为"中华之最",延长油矿由此成为"石油圣地"(图2-22)。

图2-22　中国陆上第一口油井——延一井(引自《石油华章》)

（二）庆阳石油有希望

庆阳市曾是长庆石油会战的指挥中心所在地。

1955年，第六次全国石油工作会议明确提出把勘探重点放在陕甘宁盆地的西部，即宁夏灵武、盐池一带。1957年，西安石油地质调查处开展了甘肃陇东地区的面积详查和局部构造探测，发现了胡家湾、曹渠子、元城镇、张家洼、杜家阳区、洪德城、唐台子和胡宗台共八个地质构造，在环县以南的曹渠子钻探第一口基准井，获得三叠系油砂，又在环县虎洞沟沙井子浅探井中找到了白垩系油砂。这些重大发现揭开了陇东地区蕴藏石油的神秘面纱，坚定了在革命老区开展石油勘探的决心和信心。

1969年10月，根据"备战、备荒、为人民"的部署和党中央关于"三线建设要抓紧"的指示，石油工业部决定在陕甘宁地区开辟石油勘探的重点探区，并决定以玉门石油管理局为主，组建"陕甘宁石油勘探会战筹备组"，抽调五台大型钻机、五台中型钻机和各种车辆，以及相配套的机修、油建和水电等专业设备，组织会战队伍，投入陇东的石油勘探工作。数万长庆石油工作者、复转军人"跑步上陇东"（图2-23），"三块石头支口锅"，熬稀粥，啃干馍，拉开了在鄂尔多斯盆地找油找气的大幕。

图2-23 会战队伍"跑步上陇东"（引自《百年石油》）

1970年11月3日，兰州军区陕甘宁石油勘探会战指挥部成立。同年11月24日，兰州军区长庆油田会战指挥部在宁县正式成立（图2-24），大规模的石油勘探会战随即启动。毛泽东主席在听取石油工业部和国务院关于陇东石油勘探情况的汇报后感叹道：庆阳石油有希望。消息传到会战前线，石油人奔走相告，欣喜万分，掀起了大型油气田的勘探高潮。

图2-24　长庆油田会战指挥部成立现场（长庆油田提供）

陕甘宁地区的勘探会战取得了突破性进展，在陕西发现了吴起、东红庄油田，在甘肃发现了马岭、华池、城壕、南梁等油田，在宁夏发现了红井子、马坊、百宴井等油田。

在长庆油区，1975年发现的油田陆续转入开发阶段，1979年原油产量突破100万吨。2011年油气产量上升到4000万吨，2013年突破5000万吨，2020年突破6000万吨，开创了低渗透油田大发展的崭新局面。

（三）遭遇"低渗透"

什么叫低渗透？为什么要革低渗透的命？石油、天然气是从岩层里的孔隙中采出来的流体矿藏。借助高倍放大镜可以看到石头里的孔隙，石油和天然气就存在于这些互相连通的孔隙中。

突破六千万吨大油气田

孔隙的发育程度称之为孔隙度，是指岩样中所有孔隙空间体积之和与该岩样体积的比值。储层的总孔隙度越大，说明岩石中孔隙空间越大。孔隙不仅能储存油气，油气还可以在其中渗滤性流动。

孔隙的渗透能力又称为渗透率，是在一定压差下，岩石允许流体通过的能力。不同的岩层有不同的渗透率。渗透率越大，油藏越容易开采；渗透率越小，油藏越难开采。

鄂尔多斯盆地蕴藏着丰富的油气资源，有"满盆气、半盆油"之说，但盆地中95%的油气藏以低渗透油气、致密油气、页岩油气为主，是世界上罕见的低渗透率、低压力、低丰度的"三低"油气田，开采难度极大（图2-25）。这里曾被国际咨询机构判定为"边际油田"，意味着没有商业开发价值。为肩负起保障国家油气供给的使命，长庆石油人发起"低渗透"油层攻坚战，挑战低渗透率、特低渗透率油气藏勘探开发的极

图2-25 有"磨刀石"之称的岩石中发现油气显示
（长庆油田提供）

限，撑起了一片新的蓝天。他们进行低渗透油气田高效开发技术攻关，先后经历了渗透率从达西级到毫达西级的跨级连跳，掀起了改造低渗透油层的压裂技术革命，建设了一个年产油气 6000 万吨的高产油气田，对于油气需求连年增长、对外依存度居高不下的中国而言，其现实意义和长远意义不亚于美国的页岩气革命。

长庆低渗透油气藏开发取得突破性进展，使长庆油田跃升为中国陆上油气储量、产量增长速度最快的油田，并成为世界低渗透油气田开发的典范，带动了革命老区经济建设的快速发展，为陕甘宁地区人民脱贫致富注入了新的活力。

2015 年，"5000 万吨级特低渗透—致密油气田勘探开发与重大理论技术创新"获国家科学技术进步奖一等奖。

（四）"安塞模式"破低渗透

安塞位于陕西省的北部，鄂尔多斯盆地的东部。著名的安塞腰鼓，曾经敲响了中国革命走向胜利的鼓点，如今也鼓舞着石油人通过科技进步攻克世界石油开采难关的斗志。

石油开采技术进步是一个螺旋式上升的持续过程，有曲折、有失败，有时用上几年甚至几十年，才形成一套适用的开采工艺和技术。

鄂尔多斯盆地安塞油田经过八年的技术攻关，成为低渗透油田开发的起点（图 2-26）。1999 年，作为长庆油田勘探开发带头人，胡文瑞就提出要重新认识鄂尔多斯盆地、重新认识低渗透、重新认识自己。既是哲学命题，又是重大发展战略命题。三个重新认识基础源于安塞油田攻关成功产生的"实践效应"，以及"老三重""新三重"勘探指导思想见到的增储效果。重要意义在于"解放思想,实事求是",大大调动石油人进行大规模油气勘探开发的热情和干劲。

图 2-26 长庆安塞油田生产现场(长庆油田提供)

重新认识鄂尔多斯盆地,关键是着眼于全盆地和大地质变迁历史背景,分析资源潜力,认识区域的差异性,开辟新领域、新层系;重新认识低渗透,就是辩证地看待低渗透油气藏,非均质中存在均质,贫中有富,劣中有优,低中有高,创新低成本开发技术与管理措施,提高单井产量;重新认识自己,摒弃自己的习惯做法,破除传统思维定式,科学定位思想认识和工作方法。

1989 年,针对渗透率只有 0.49 毫达西的安塞油田,长庆油田组织开展了"理论分析、实验研究"和"井组试采、先导性试验、工业化开采试验三大矿场试验",形成了规模丛式钻井、中等规模压裂改造和超前精细注水三大技术系列，整体配套钻井、改造、射孔、注水、采油、测试、油藏工程、集输共 8 项技术，集成创新"单、短、简、小、串"地面工艺流程，大幅降低了油田开发成本，取得了渗透率为 0.5 毫达西级油田有效开发的巨大成功。安塞油田的开发模式取得了许多成就。

一是发现了"孔隙渗流为主，裂缝渗流为辅"的规律。相对于传统双重介质渗流理论，创新点是"孔隙成为渗流的主体"，为特低渗透油田高效开发奠定了理论基础。

二是首创了超前注水技术，采取"先注水、后采油"的策略，"超前半年注水，使地层压力提高到原始地层压力的 110% 至 120%，将低压转变为常压然后再开始采油"。这一开发理念的转变和技术创新，突破了"三低"油藏开发理论上不能注水的禁锢，从根本上解决了"特低渗透油田不能注水和油层压力低"的重大工程技术难题，形成了低渗透、特低渗透油田开发最具影响力的水驱提高采收率技术。

三是优化了压裂改造技术，将"孔隙渗流为主"的认识，应用于指导油层压裂改造，经现场 256 口井试验证实了"加砂强度不是越大越好，而是适中最佳""同等裂缝长度下，渗透率越低，增产倍数越大"等结论，彻底改变了原来追求大砂量、大排量的传统做法，压裂参数设计优化为"中等规模压裂改造"，既大幅降低了压裂施工成本，又使单井产量提高了 3 倍以上（图 2-27）。

开发理念和工程技术的突破，使油田开发的渗透率下限由 50 毫达西向下延伸到 0.5 毫达西，解决了困扰鄂尔多斯盆地多年的开发难题，开采非常规油气资源时创造性地采用常规油气开采的方式，带动整个盆地油气产量快速增长。

图 2-27 油田压裂作业现场（长庆油田提供）

1996年3月,"全国低渗透油田开发会议"召开,会上将安塞特低渗透油田"低成本二元集成创新"形成的成果确定为"安塞模式"。其基本内涵和意义是：针对特低渗透资源开发,通过技术和管理的不断创新,形成了一套完整的低成本二元集成创新体系,使地下自然物与地面人造物达到统一,实现提高单井产量和降低成本的目的,探索出了一条低渗透油气田规模有效开发的新途径。

（五）首个世界级大气田——苏里格气田

苏里格位于鄂尔多斯盆地北部,地表由草原、沙漠覆盖,海拔1250～1350米,面积约4万平方千米,天然气总资源量3.8万亿立方米,占鄂尔多斯盆地天然气总资源量的1/3。

苏里格气田一经发现,其开发试验就被列为当年中国石油年度十大试验项目之一。2001—2008年,经历井组评价、先导性试验、规模化开发试验,形成12项关键开发技术和"5+1"运营体制,创立了低渗透—致密砂岩气田开发的"苏里格模式",即标准化设计、模块化建设、数字化管理、市场化运作(图2-28)。

图2-28 苏里格气田数字化管理平台(长庆油田提供)

2010年,苏里格气田探明储量2.85万亿立方米,成为中国第一个超万亿立方米的特大型气田,是"西气东输"和"陕气东送"的气源地。2010年,天然气年产量突破106亿立方米,2020年天然气产量达到277亿立方米,排在全国十大气田之首,长庆气区已成为中国天然气调峰和供气的中心枢纽。

在苏里格气田的勘探开发过程中,确立了"依靠科技、创新机制、简化开采、走低成本开发路子"的主体思路,使气田勘探开发取得重大突破(图2-29)。

图 2-29　苏里格气田第一天然气处理厂（长庆油田提供）

"依靠科技"，开发苏里格这样的大型致密砂岩气田，从一开始就建立在科技进步的基础之上，技术水平决定着苏里格气田开发的成败。

"创新机制"，走市场配置资源之路，运用市场化的"无形之手"，引进队伍、技术、人才、设备、投资。用群体的智慧和协作的力量组织苏里格气田大规模开发。

"简化开采"，是苏里格气田开发的出发点，也是落脚点。"多井低产"是苏里格"标志性符号"，要以这个"标志性符号"作为开展多项工作的基本前提，设计开发方案。

"走低成本开发路子"，低成本是"纲"，纲举目张。苏里格气田开发，一切服从"低成本"，低成本技术、低成本管理、低成本设计、低成本施工和低成本工程技术服务，构成"低成本技术体系和低成本管理体系"。

2001年1月20日，中国石油对外宣布："中国第一个特大型气田诞生！"

2002年5月22日，科学技术部召开新闻发布会，向海内外发布"苏里格气田重大发现的成果"。

2003年1月，中国首个世界级大气田——苏里格气田的发现被评选为"2002年中国十大科技进展新闻"，与水稻基因组精细图和神舟飞船发射成功一起位列前三名。

2002年，"苏里格大型气田发现及综合勘探技术"获国家科学技术进步奖一等奖。

（六）"把长庆做大"

"把大庆做长，把长庆做大"是中国石油工业严肃的发展课题和重大战略。

"把大庆做长"，就是把大庆油田的勘探开发之路拉长，把大庆油田的产业链拉长，把大庆油田的寿命拉长。

"把长庆做大"，就是把长庆油田的"蛋糕"做大，其中包括把勘探面积、储量和产量一同做大。

长庆一直跑步追大庆，相继探明发现了4个十亿吨级大油区和4个万亿立方米级大气区，石油勘探连续9年新增探明储量超过3亿吨，累计探明石油储量55.83亿吨；天然气勘探连续13年新增探明储量超过2000亿立方米，累计探明天然气储量3.8万亿立方米。

2013年，长庆油田油气产量达到5195万吨，迎来了油气两旺的"黄金时代"。长庆油田成了全国油气田企业的"龙头老大"。2020年，长庆油田新增石油探明储量3.61亿吨、新增天然气探明储量3058亿立方米，生产原油2451.8万吨、天然气445.31亿立方米，一举成为中国第一个年产油气当量超过6000万吨的油气田（图2-30）。

图 2-30　长庆油田采油现场
（长庆油田提供）

长庆油田正在谋划"推进二次加快发展，实现油气产量新跨越"。在未来 5 年，其原油和天然气产量将双双实现增长，尤其是天然气快速上产仍有很大的空间。计划到 2025 年，长庆油田原油年产量将达到 2800 万吨，天然气年产量将达到 450 亿立方米，油气年产量将突破 6300 万吨。为了实现加快发展目标，长庆油田制定了一系列全新的转型战略，坚持高质量低成本发展，弘扬石油精神（图 2-31），保障国家能源安全。

图 2-31　长庆油田"好汉坡"精神发源地
（长庆油田提供）

在勘探方面，长庆油田将加快推进勘探重点从盆地本部向盆地外围及新区带、新层系转移，新增储量从注重规模向规模效益并重转变，油藏类型从大面积岩性向多类型、非常规转变。预计在 2021 年至 2025 年，新增石油探明储量 10 亿吨，新增天然气探明储量 1 万亿立方米。

在生产建设方面，长庆油田预计在 2021 年至 2025 年期间，年均新建原油产能 560 万吨，新井贡献率达到 30% 以上，产能建设到位率达到 50% 以上，老油田自然递减率控制在 11% 以内；每年新建天然气产能 100 亿立方米以上，产能建设到位率达到 80% 以上，新井贡献率超过 10%，综合递减率控制在 20% 以内。

在技术发展方面，要继续手握"金刚钻"，在"磨刀石"上秀"绝技"，用技术进步解锁大油气田开发奥秘，三维地震勘探、钻井提速提效、油气层精准判识、提高单井产能、提高采收率等技术，将成为攻坚的重点。

长庆油田提出建设年产 6300 万吨油气产量的目标，标志着中国在低渗透石油天然气开采技术方面实现了新的突破，并为开发更多的油气资源创造了条件。

三、渤海湾亿吨聚宝盆

渤海是中国最大的内海,由北部辽东湾、西部渤海湾、南部莱州湾、中央浅海盆地和渤海海峡五部分组成,跟世界上很多内海一样,是十分珍贵的资源宝库。

渤海三面环陆,位于辽宁、河北、山东、天津三省一市之间。辽东半岛南端老铁三角与山东半岛北岸蓬莱遥相对峙,像一双巨臂把渤海环抱起来,海岸线围成的区域好似一个葫芦。

整个渤海湾盆地是一个巨大的含油构造,从陆地延伸到海上,环渤海湾陆上建有胜利油田、华北油田、中原油田、大港油田、冀东油田、辽河油田,海上建有渤海油田(图2-32)。这些油田连线成片、星罗棋布、水陆相望。

与澎湃的海涛日夜相伴的,不仅有海湾中那阵阵钻机的轰鸣声,还有石油人永不停歇的"我为祖国献石油"的壮丽凯歌。

图2-32 环渤海湾油田分布图(中国石油勘探开发研究院提供)

(一)复式油气聚集理论

在渤海湾南部,黄河入海口的东营市,有一个著名的油田——胜利油田。它是继依据陆相生油理论发现大庆油田之后，又一重大石油地质理论——复式油气聚集理论的发祥地（图2-33）。

图2-33　胜利油田发现井——华八井（胜利油田提供）

复式油气藏名称的由来与毛泽东主席有关。1956年2月26日，毛泽东主席在中南海勤政殿听取石油工业部的汇报。当康世恩汇报到苏联巴库油田几十个油层重叠在一起时，毛主席说，这是架起来的楼房啊，比单层油田更好，开采起来更省钱。你们也要搞几个楼房式的油田。

胜利油田就是一个"楼房式油田"。地质上属于济阳坳陷，从地下最古老的古生界到最年轻的东营组，有14层之多。这里的地层极其复杂，有人把它比喻成一个摔碎又被人踢了几脚的"盘子"，故有"石油地质大观园"之称。

胜利油田于1963年被发现并投入开发（图2-34）。油田勘探开发过程中，出现了开采对象的"五忽现象"：忽油忽水、忽稠忽稀、忽深忽浅、忽轻忽重、忽有忽无。复杂的地质现象使地质勘探人员陷入迷茫，面临着"油田越找越小、越找越贫，路子越走越窄"的困境，稳产的后备储量严重不足。

图2-34 从大庆、玉门等油田调集的石油会战职工会师于渤海之滨、黄河两岸
（引自《百年石油》）

立足于传统的找大构造的石油地质理论越来越不奏效。1978年，中国的原油年产量冲上了1亿吨，但如何稳产却成了一个迫在眉睫的问题。当时胜利油田在中国油田产量排行中仅次于大庆油田，位居第二位，面临的压力之大可想而知。

在这种形势下，胜利油田在员工中广泛开展了"全国1亿吨，大庆5000万，胜利怎么办"的群众性大讨论。讨论之后大家认识到，油田稳产很难，而上产更难，但即使面临千难万险，也一定要为国增产。

稳产也好，上产也好，关键是要有足够的石油储量去开采。而增储上产涉及重新认识复杂多变的地质条件，找出成藏规律，针对符合客观实际的油气运移进行勘探才能找到隐秘的油气藏。勘探油气的地质专家脑子里首先要有油，凭借自己多年积累的专业知识，预测哪里可能藏着油气，这就是石油界业内常说的"石油首先藏在地质学家的头脑里"。

勘探有止境，认识无禁区。面对异常复杂的地质现象，胜利油田石油地质科技人员展开了突破传统石油地质理论的创新攻关。

在大量调查研究的基础上，1981年2月，胜利油田召开了第一次春季地质勘探论证会。地质工作者再次审视看似熟悉又很陌生，并且"耕作"了多年的济阳坳陷，充分认识到这里有严重的"五个不平衡"，即凹陷、地区、层系、类型、深浅的不平衡。

1982年初，在大庆油田召开的全国石油工作会议上，胜利油田首次提出"济阳坳陷是一个油气资源丰富、成油条件复杂的复合油气区""五环式分布是济阳坳陷油气藏展布的基本模式"等认识。

在对济阳坳陷进行了全新认识的基础上，胜利油田调集了10多个学科的千余名科研人员，开始了8年之久的攻关研究（图2-35）。他们先后测试分析岩心样品37830余块（次），开展物理模拟实验380余项（次），钻探井943口，通过深入研究，找到了一套勘探开发的新方法。

他们用"五个创新"应对"五个不平衡"：一是在构造演化上弄清楚了构造盆地演化的动力学成因，追溯济阳坳陷多期成盆的演化历史；二是在沉积发育上，判明了济阳坳陷古近—新近系河湖沉积具有物源方向多、沉积体系多、相带和岩性变化快的沉积特点；三是重新建立了陆相油源岩评价标准和油气资源定量计算方法；四是找到了断陷盆地有利油气聚集带，总结出五种复式油气聚集带成藏模式；五是提出了滚动勘探和开发一体化初步构想。

图 2-35　1983 年，地质专家胡见义（左 5）、李德生（左 6）、田在艺（左 7）等在开展第一轮全国油气资源评价研究（引自《中国石油工业》）

这些新认识颠覆了"油往高处走""断层对石油聚集不利"等传统认识，确立了滩坝砂体大面积含油的成藏机理，指导东部探区勘探获得了重大发现，找到 2 亿吨的新增地质储量。

经过科技人员的艰苦探索，较为系统的复式油气地质理论终于形成，其中包括多套含油层系、多期次运聚等新认识、新发现令人耳目一新，勘探前景也豁然开朗起来。

这一理论奠定了油田持续高效勘探的基础，从 1983 年到 1994 年，胜利油田又相继发现了孤东、埕岛等 23 个油气田，累计探明石油地质储量 20.58 亿吨，年探明地质储量 1 亿吨以上，最高达到 4.1 亿吨，实现了油田产量的高速增长，原油年产量连续 17 年稳定在 2700 万吨以上，连续 30

图 2-36 "渤海湾盆地复式油气聚集（区）带勘探理论及实践——以济阳等坳陷复杂断块油田的勘探开发为例"获国家科技进步奖特等奖（引自《中国油气田开发志》）

余年稳居全国油田产量排行第二的位置。

1984 年 2 月，胡耀邦同志为胜利油田题词：一部艰难创业史，百万覆地翻天人。

复式油气聚集理论并不只是让胜利油田战胜了"五忽"而浴火重生，在这一理论指导下，包括辽河、华北、大港、中原、冀东等油田在内的整个渤海湾盆地的油气勘探拥有了更为科学的理论作为支持，最终成就了渤海湾亿吨聚宝盆的梦想。

"渤海湾盆地复式油气聚集（区）带勘探理论及实践——以济阳等坳陷复杂断块油田的勘探开发为例"获 1985 年国家科技进步奖特等奖，并被誉为中华人民共和国成立以来石油工业巨大科技成果之一（图 2-36）。

扫描二维码下载 AR App，打开应用程序扫描右侧图片，观看"石油开采"AR 展示

"石油开采"AR 展示

（二）稠油花开红海滩

在渤海辽东湾，镶嵌着一颗储量丰富的稠油明珠——辽河油田。辽河油田位于下辽河入海口的鱼米之乡，开发前曾是亚洲最大的芦苇荡，人烟稀少，十分荒凉，被称为"南大荒"。如今，这里因为油田的开发而日新月异，特别是那片秀美的红海滩，宛如迷人仙境，成为吸引游客的风景区（图 2-37）。

图 2-37　辽河油田红海滩采油现场（辽河油田提供）

但这片风景来之不易。20 世纪 50 年代末，开始下辽河地质普查，发现了油气显示，1970 年开始大规模勘探开发（图 2-38）。但是，辽河油田蕴藏的石油却使人发愁，因为这里的油特别"稠"，虽是全国最大的稠油、超稠油生产基地，但却是世界上开采难度最大的油田之一（图 2-39）。

图 2-38 1970年3月22日,在兴4井井场召开加速下辽河石油勘探誓师大会(辽河油田提供)

图 2-39 辽河油田建成全国第一大稠油生产基地(引自《中国油气田开发志》)

稠油是沥青质和胶质含量较高、黏度较大的不易流动的原油。因为稠油的密度大,因此也叫重油。辽河油田的稠油在常温环境下就凝结为固体,只有加热到 80 摄氏度以上才能熔化并流动起来。与常规轻质原油相比,稠油有三大特点:黏度高、密度大、流动性差;稠油中轻质组分含量低,而胶质、沥青质含量高；稠油黏度对温度敏感，随着稠油温度的升高其黏度显著降低。这三大特点，也带来了稠油开采流动难、入泵难、管输难的问题。

稠油开采的关键是提高其在油层、井筒及集输管线中的流动能力，大幅度降低稠油黏度，减少流动阻力，使其在高温下由稠油转化为稀油，方能采出至地面并输送到目的地。

辽河油田科技人员攻坚克难，发扬"油稠人不愁，困难也低头"的大无畏精神，秉持挑战开发极限的勇气和胆识，努力突破认识"禁区"，冲破思想"误区"，破解开发"盲区"，瞄准稠油和超稠油开采的技术难点，大力实施科研攻关和自主创新，有效破解了稠油勘探开发中的技术"瓶颈"，形成了具有自主知识产权和辽河油田特色的"稠油热采"系列技术。

所谓稠油热采，就是通过人工方法向油层内提供热能，提高油层岩石和流体的温度，从而增大油藏驱油动力，降低油层流体的黏度，防止油层中出现结蜡现象，减小油层渗流阻力，以达到更顺畅地开采稠油的目的。

辽河油田稠油热采技术，包括3个技术系列、17项特色技术、9项专利和7组技术秘密。其中蒸汽吞吐和蒸汽驱采油以及地面稠油的输送加热、降黏、脱水等技术，已经推广到全国其他油田的稠油开采中。1985年，辽河油田研发的"稠油注蒸汽吞吐工艺技术"获国家科学技术进步奖一等奖。

蒸汽辅助重力泄油技术（SAGD）是开发稠油、超稠油的一项前沿技术，其机理是在注汽井中注入蒸汽，蒸汽向上超覆在地层中形成蒸汽腔，蒸汽腔向上及侧面扩展，与油层中的原油发生热交换，加热后的原油和蒸汽冷凝水靠重力作用泄到下面的水平生产井中产出（图2-40）。

稠油热采

图 2-40 SAGD 井生产现场（辽河油田提供）

稠油开采技术的突破带来了生产的大发展。1986 年，辽河油田原油产量突破 1000 万吨，位列全国油田产量第三位。1995 年最高年产量达到 1552.3 万吨。辽河油田连续 35 年油气产量保持在年产千万吨以上。

时至今日，辽河油田的稠油开采技术，仍然处于世界领先水平。

（三）古潜山里夺高产

1975 年 7 月 3 日，中华大地传来了一个爆炸性新闻——河北任丘钻探的任四井喷出了高产油流（图 2-41），日产原油高达 1014 吨。之所以称之为爆炸性新闻，不仅是这口井产量高，还有特殊的地质原因——伴随着任四井的喷油，古潜山构造地质理论在中国石油界诞生。古潜山构造地质理论，不仅让华北油田看到寻找油气高产区的曙光，同时为全国石油勘探拓展了古潜山找油的新领域。

古潜山，顾名思义，就是古代潜伏下来的山。它是在一定的地质历史时期形成的山头，被后期沉积的地层覆盖后埋在了地下。用地质术语解释，古潜山是指不整合面以下被新沉积岩所覆盖的古地形高点。

图 2-41 华北古潜山油田发现井——任四井（华北油田提供）

对于古潜山油藏的成因，地质专家给出了解释：由于长期遭受风化剥蚀的古地形突起被上覆不渗透岩层所覆盖形成圈闭条件，油气聚集其中形成油藏（图 2-42）。油源来源于古潜山外部，经构造断裂、物理和化学作用使不同岩类组成的潜山储集体遭受风化、淋滤、溶蚀形成渗透性良好的网状裂缝系统，成为油气聚集的空间，而不整合面及断层面等供油通道，则成为古潜山油气藏形成的必要条件。油气藏呈块状分布，不受层位控制，也称"潜伏剥蚀突起油气藏"。

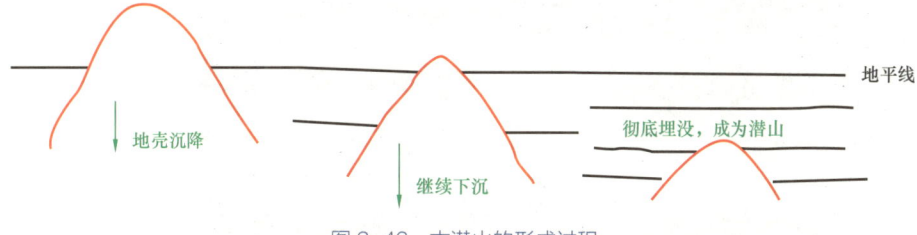

图 2-42 古潜山的形成过程

传统地质理论认为,古潜山不可能发现油田。然而,经过石油勘探科技人员的大胆探索、全力攻关,最终实现了地质勘探的突破,发现了中国第一个大型古潜山油田。

1976年,古潜山高产油田正式投入开发(华北油田诞生),科技人员制定了科学开发油田方案(图2-43),创造了"当年开发,当年建设,当年收回国家投资"的高速度,国内外罕见。

1978年,华北油田原油产量达到1723万吨,一跃成为全国油田产量第三位,为当年全国原油总产量突破一亿吨作出了重大贡献。

后来,华北油田又陆续发现和开发了南马庄、八里庄、鄚州、雁翎等27个常规油气田。自1977年起,连续10年保持年产量1000万吨以上。

华北古潜山油藏的发现,给石油勘探科技工作者带来了新的启示,一个"古潜山构造找油热"在全国蓬勃兴起。辽河、胜利、中原等油田,都在古潜山构造进行的勘探和开发实践中,取得了一个又一个令人振奋的成果。

图2-43 康世恩(前排左2)与地质专家翟光明(前排左1)、闫敦实(前排左3)等在现场制定科学开发油田方案(引自《中国油气田开发志》)

1978年,"华北扭转断块活动与古潜山油气形成"研究项目,获全国科学大会奖。

(四)"海上大庆"主力军

远眺神秘的渤海,水天一色,烟波浩渺。渤海不仅岸陆有油田,滩海有油田,海上也有油田。这个油田就是中国海上最大的油田——渤海油田,是中国海油勘探开发"海上大庆"的主力军。

渤海海域面积7.7万平方千米,其中可供勘探矿区面积约4.3万平方千米。渤海油田与胜利油田、大港油田、辽河油田、华北油田、中原油田属于同一个盆地构造,涉及辽东、石臼坨、渤西、渤南、蓬莱5个构造带,总资源量预计为120亿吨左右。截至2020年底,共在渤海6个坳陷找到203个油气田,其中比较大的油气田有25个。

渤海油田是中国海洋石油工业起步的训练场,也是海洋石油装备的试验场,许多重大技术装备从这里走向深海远洋。

早在1967年,中国在渤海钻探的海上第一口探井"海一井"出油(图2-44),拉开了在渤海湾石油勘探开发的序幕。为此,国务院专门发来贺电,盛赞以往只在陆上勘探的石油职工"创造了中国海上打探井的先例"。

1980年,著名的"渤海8号"钻井船第一次出海作业。

1989年,中国第一艘自行设计建造的浮式生产储油船"渤海友谊号"下水投产。它是集原油加工、海上油库、卸油终端等功能于一体的海洋石油开发设施。它的建成,实现了中国浮式生产储油船设计建造零的突破,并在世界上首次将浮式生产储油船应用于有冰的海域。该船成为中国船舶工业在海洋工程领域建造的标志性产品,该船曾荣膺"中国十大名船"称号。

图 2-44 渤海第一口海上探井——海一井（引自《石油印记》）

1990 年，中国第一条长距离油气混输海底管道——JZ20-2 凝析气田海底管道，在辽宁省锦西市（今葫芦岛市）龙湾海湾登陆成功。管道外径 323.85 毫米，壁厚 10.3 毫米，全长 48.6 千米。它把渤海 JZ20-2 凝析气田的油气源源不断地输往锦西炼油化工总厂。

2009 年，中国第一艘完全自主设计并建造的 30 万吨级海上浮式生产储油卸油轮"海洋石油 117"（图 2-45），在蓬莱 19-3 油田投入使用。该船船体为双底双壳结构，船长 323 米，宽 63 米。从船底到烟囱高 71 米，相当于 24 层楼。可日加工 2.6 万吨原油，储油能力达 27.36 万吨，可同时

图 2-45 海上浮式生产储油卸油轮"海洋石油 117"（中国海油渤海油田提供）

容纳140人工作和居住,并配有直升机平台,是当时国内建造的吨位最大、造价最高、技术最先进的浮式生产储油卸油装置(FPSO),标志着中国已经具备了建造海洋石油大型专用船的能力。

2017年,海上试采装备"海洋石油162"在渤海曹妃甸油田服役。该平台拥有多项自主知识产权,创造了3项国内第一,即外输软管国产化应用,中控系统国产化用于海上,集试采、油气处理、原油存储、修井功能于一体。

海洋石油装备、技术的发展,促进了渤海油气勘探开发的持续进步(图2-46)。1975年,渤海油田原油产量只有8万吨,2004年首次达到1000万吨,2009年突破了2000万吨,2010年实现了油气产量3000万吨以上的历史新跨越,达到3005万吨。

2010年,中国海油总产量突破5000万吨,成功建成"海上大庆",其中渤海油田的油气产量占了60%,成为"海上大庆"主力军。

图2-46　渤海油田海上采油平台(中国海油渤海油田提供)

2019年,"渤海湾盆地深层大型整装凝析气田勘探理论技术与重大发现"获国家科学技术进步奖一等奖。

2020年3月18日,中国海油宣布,渤海油田油气勘探又获大发现——位于渤海莱州湾北部的垦利KL6-1-3井,共钻遇约20米厚的油层,测试单井原油日产量100余吨。

2020年5月26日,垦利6-1油田探明储量报告经过国家有关部门评审,确认石油探明地质储量超过1亿吨,成为中国渤海莱州湾北部地区首个大型油田。

2020年10月26日,渤中19-6凝析气田正式投产,高峰时日产天然气100万立方米、凝析油910立方米,海上又一个千亿立方米级气田宣告诞生!

2020年,渤海油田生产原油2830万吨、天然气近30亿立方米,合计油当量3070万吨。

(五)填海造岛建油田

在渤海湾西部的天津滨海新区,有一个知名度很高的油田——大港油田。

1964年1月25日,中共中央批准同意石油工业部党组《关于组织华北石油勘探会战的报告》。这是继松辽石油大会战之后的又一次重要的会战。而华北石油会战的指挥中心,就在现在的大港油田。

后来,在大港油田的基础上,陆续分离诞生了华北油田、渤海油田、冀东油田……因此,大港油田有着东部石油"摇篮"的美誉。

大港油田是个"陆、滩、海一体化油田",包含着陆地、滩海和极浅海三大勘探开发领域，港五井为大港油田发现井（图2-47）。在这里，先后开发建设了21个油气田，形成了年生产原油420万吨、天然气5亿立方米的生产能力。截至2020年底，累计生产原油2.02亿吨、天然气261亿立方米。

图2-47 大港油田发现井——港五井（大港油田提供）

大港地区有2700多平方千米的滩海勘探区域，勘探开发前景很广阔。但是，这里"涨潮一片海，退潮一滩泥"，坡缓、淤泥厚、潮差大，环境恶劣，受当时生产技术限制，陆上设备进不去，滩海区域一度成为石油钻探的禁区。

1993年，为更好地开发滩海油气资源，大港油田在南排河镇张巨河村以东滩海区域，首次尝试建成一座圆形人工岛。在岛上先后钻探4口井，其中张参1-4井为埕海二区发现井。正是这一次"破冰试水"，为后来埕海油田的规模开发提供了借鉴经验。这座岛被誉为"中华第一人工岛"。

2003年至2004年，大港油田相继成功钻探了庄海8井和张海5井，标志着埕海一区、埕海二区有良好的含油气前景，证实这里不仅有石油、天然气，而且油气勘探开发前景极有可能比陆地还要广阔。

如何克服困难，在浅海、极浅海把油气开采出来，考验着大港石油人的决心和智慧。顽强的大港石油人没有被困难吓倒，他们仿照精卫填海的做法，开始填海造岛，最终使"海油陆采"成为现实，为滩海、极浅海、浅海油田开发创造了条件。

2005年4月至2006年12月，大港油田建起了第一座极浅海人工岛——埕海1-1人工岛。这座岛位于黄骅市南排河镇以东极浅海地区，面积2万平方米。具有钻井、开采、集输、注水四大功能，以及消防系统、动力系统、自动计量系统、污油和污水处理回收及排放系统、生产应急逃生系统等配套设施，拥有76个井口槽、50万吨/年的油气处理能力，是一座设备先进、技术一流、功能完善的现代化海上人工岛。

该岛是当时大港油田增储上产的关键工程，也是中国石油探索浅海石油开发的重点工程。

2008年，大港油田开始建设更为先进的2号人工岛——埕海2-2人工岛（图2-48），于2012年投入试采开发。

该岛进海路全长4286米，能承载上百吨设施的安全平稳拉运。岛上有效使用面积1.5万平方米。岛上建有油气集输工艺区、注水工艺区、中控楼等。中控楼设置有PLC中控系统、消防控制系统、电力监控系统和电子安防监控系统。

人工岛的油气生产区域——井口槽引人注目。井口槽长113米、宽7.2米、深2.1米，井距2.5米。采取双排布井，可布108个井位，已钻完96口。在这么小的地方钻这么多井，简直难以令人置信。海上的油气开采受场地限制，一般不采用常规抽油机抽油，而是将潜油电泵下到井下进行采油，地面只有采油树（图2-49）。

第二篇 油龙气虎啸神州

图 2-48　埕海 2-2 人工岛（大港油田提供）

图 2-49　人工岛上采油树（大港油田提供）

在这里，除海工建造技术外，储层刻画技术、丛式井钻井技术、海水基压裂技术、单筒双井钻井技术、射孔与电泵联作试油技术，均实现突破。截至 2020 年底，人工岛累计生产原油 317.74 万吨、天然气 14.28 亿立方米。

鸥飞鹭翔，虾游蟹爬；钻塔巍巍耸天，远望平台缥缈。在这片神奇的海滨，埕海作业区正谱写着滩海油龙戏水的新乐章。

四、征战"死亡之海"

千里无垠满目沙,赤橙瓦嶙遍天涯。丘陵突兀常迁徙,鸟兽无依难有家。风起尘卷历悠远,日升月落任年华。静如凝宇动魔鬼,喜怒无常张獠牙。塔克拉玛干沙漠面积约为 33 万平方千米(图 2-50),位于新疆维吾尔自治区南部塔里木盆地中心,四周被昆仑山脉、天山山脉、帕米尔高原和阿尔金山脉环抱。它是中国最大、世界第二大流动沙漠,也是我国油气勘探前景最为广阔的地区之一。

图 2-50 塔克拉玛干沙漠(引自《塔里木的答卷》)

沙漠腹地沙丘类型复杂多样,复合型沙山和沙垄宛若憩息大地上的条条巨龙;各种蜂窝状、羽毛状、鱼鳞状沙丘变幻莫测。

夏季赤日炎炎,黄沙刺眼,地表温度有时高达 70~80 摄氏度,冬季又异常寒冷,让人胆战心寒。千百年来鸟雀难飞,寸草难生,因而被称为"死亡之海",警告着世人这里是有去无回的地方。

征战"死亡之海"

新的时代，新的变迁。从 20 世纪后半叶开始，一批又一批从事地质研究、物探、测井的石油人，怀着雄心壮志，跨入无边沙漠，勇闯"生命禁区"，征战"死亡之海"（图 2-51），经历了数不尽的艰难困苦，攻克了一个又一个世界级油气勘探开发难题，打出了中国最深的探井，建成了中国最大的气田群，开辟了西气东输主力气源地，开发了年产 600 万吨石油、300 亿立方米天然气的油气田，把"死亡之海"变成了奉献能源的聚宝盆。

图 2-51　物探队员在塔里木秋里塔格施工（塔里木油田提供）

（一）踏进"死亡之海"

塔里木盆地是中国开展油气勘探比较早的地区，但油气勘探程度一直较低。1952 年，中苏石油股份公司在南疆设立喀什钻井处，开始勘探工作。限于当时的技术水平，勘探区域仅限于天山山前和昆仑山山前，根据地面地质调查的情况，只是在有构造显示的地区打井，但未获得实质性的突破。1954 年 12 月，中苏石油股份公司移交给中方独自经营，中苏合作勘探就此停止。

1955年，在北疆准噶尔盆地发现了克拉玛依油田，石油工业部随之将勘探重点向北疆转移，南疆的塔里木盆地只进行地质勘查，此为"一上塔里木"。

1957年，成立塔里木地质大队，开始"二上塔里木"。1958年，在盆地边缘山前地带开展钻探工作。同年3月，新疆石油管理局505重磁力联队九进九出塔克拉玛干沙漠腹地开展重磁力勘探，首次获得了关于盆地中央的重磁力勘探资料（图2-52和图2-53），石油工业部授予505重磁力联队"勇敢的石油工作者"光荣称号。1959年，中国东北部发现大庆油田之后，石油工业部决定从新疆、玉门油田抽调队伍去大庆会战，"二上塔里木"勘探就此搁置下来。

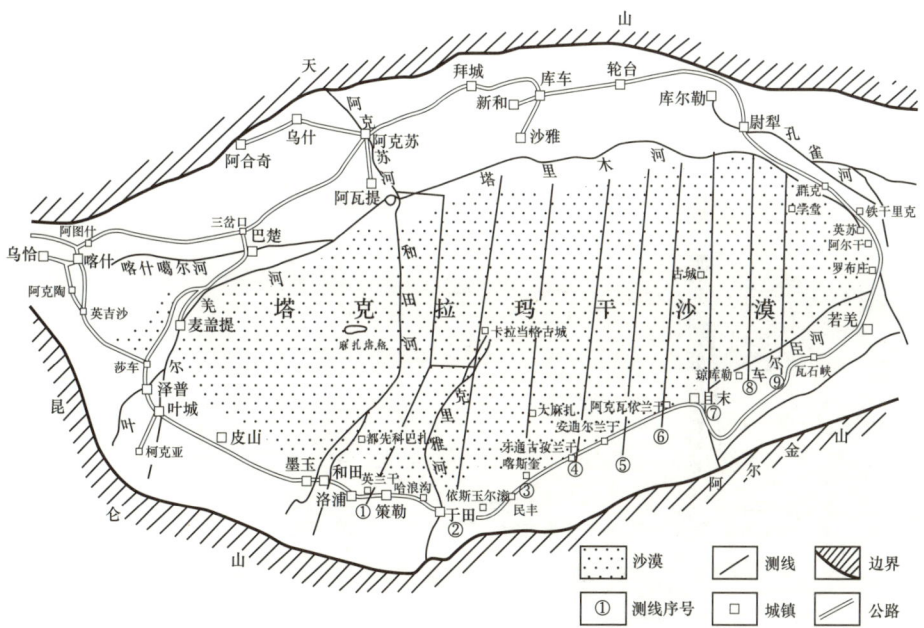

图2-52　505重磁力联队九进九出塔克拉玛干沙漠路线图（引自《塔里木的答卷》）

图 2-53 505 重磁力联队首次完成 9 条南北向重磁力测线（引自《塔里木的答卷》）

1964 年，石油工业部要求新疆石油管理局组织队伍"三上塔里木"，提出"一手抓山前，一手抓地台"的勘探思路，大部分钻机继续在山前钻探的同时，调集部分 3200 米钻机到台盆区进行深井钻探（图 2-54 和图 2-55）。3255 钻井队连续钻探多口深度超过 3500 米的探井，其中柯吐尔 1 号井井深达 3700 余米，创当时国内钻井深度纪录。但两年后勘探受多种因素的影响而停滞。

图 2-54 地质勘探人员在塔克拉玛干沙漠中进行地震勘探（引自《塔里木的答卷》）

图2-55　20世纪60年代，石油钻井队伍在库车山前召开钻井攻坚大会（引自《塔里木的答卷》）

1970年，组织"四上塔里木"进行勘探，但没有坚持多长时间就再次无疾而终。

1978年2月，石油工业部决定组织以盆地西南地区为重点的塔里木石油勘探会战，此为"五上塔里木"。会战抽调了克拉玛依、四川、华北油田和石油物探局、长途运输公司等单位的钻井队23个、地震队22个、重力队3个，各类设备近2000台套，参战人员达14800多人。勘探区域北起库车、阿克苏，到盆地西南的巴楚、喀什、叶城、皮山、和田，主要沿山前和盆地边缘开展勘探工作。会战持续3年多时间，除柯克亚有两口探井获工业油气流外，其余未能获得新的战略性突破。

1979年7月，石油工业部部长宋振明赴塔里木探区现场办公，他从库车山前一直走到盆地西南部的柯克亚油区，回来后感慨地说："塔里木有丰富的油气资源，只是我们的装备和技术太原始、太落后了。"

历经半个世纪的努力，五次进军塔里木均无功而返，急需在深层、超深层钻探装备和技术等方面获得突破。

（二）超深层油气创举

塔里木盆地的地质情况十分复杂，各种地层杂乱无章，几乎找不到一条完整的地质带。依照传统石油地质理论很难取得新的突破。如果没有新理论、新技术作支撑，想从"脾气暴躁"的沙漠中打出油气来无异于痴人说梦。

世界油气勘探的实践表明，大型油气田主要发育在盐层之下。经过30余年的勘探，已经基本摸清塔里木盆地浅层的地质情况。20世纪70年代末，为探索塔西南前陆盆地超深领域，引进了6000米F320钻机，钻探能力得到很大提高，先后布钻了井深7002米的固2井、井深6050米的合1井等探井。经过几年的努力，基本掌握了6000米的深层地质情况（井深小于2500米的井为浅井，2500~4500米的井为中深井，4500~6000米的井为深井，6000~9000米的井为超深井，大于9000米的井为特超深井），但8000米以下的超深层地质情况仍然是未知数。

向地球深部进军，成为塔里木油气勘探急需攻克的最大难题。截至2018年，已成功钻探7000米以上的超深井超过100口，有6口为超过8000米的"地下珠峰"。其中克深21井（图2-56）用时365天钻至8098米完钻，当时被称为中国陆上石油钻井的"深井王"，刷新了中国石油陆上最深井纪录。这些超深井让勘探开发专家对8000米深层地质情况有了清晰的了解。

多年以来，地质界已经认识到塔里木大型油气藏就盛装在一个"巨大的碗里"，上面一定会有一个"碗盖"。超深地层钻探结果证实了8000米以下的地质情况确实如此，油气藏上层覆盖着一个巨厚的盐层，恰似"碗盖"一般罩在上面。地质学家判断，如果揭开"盖子"，极有可能就会有大油气田现出真容。

图2-56 克深21井钻井现场（塔里木油田提供）

2000年以来，科研人员通过艰苦攻关，研发了复合盐膏层钻井配套技术，实现了以克拉2气田、迪那2气田为代表的6000米深天然气藏的高效钻探。2009年至2018年，针对井深6000～8000米、井温150～188摄氏度、压力105～136兆帕的严峻挑战，攻克了复杂超深钻井配套技术和超深高温高压完井改造技术的难关，联合研制成功四单根立柱9000米超深井钻机，推动了克深、大北、哈拉哈塘等油气田的勘探持续突破。

扫描二维码下载AR App，打开应用程序扫描右侧图片，观看"沙漠石油钻井"AR展示

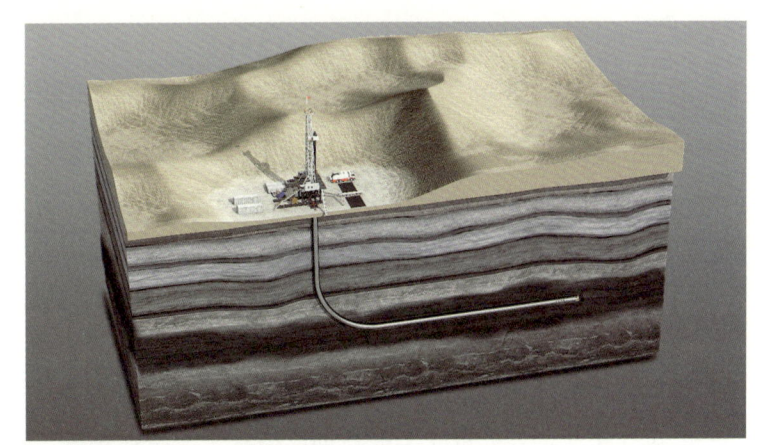

"沙漠石油钻井"AR展示

研究发现，巨厚的碳酸盐岩内沿不整合面发育着"串珠状"的岩溶储层，因此，地质学家萌生了沿不整合面钻层间岩溶储层勘探的思路，最终发现了哈拉哈塘油气范围 5000 平方千米的超深层大油气田，开辟了台盆区碳酸盐岩勘探新领域。

在新的地质理论指导下，克深大气田和塔中、哈拉哈塘等深层大油气田相继被发现，但富集的油气藏大都埋深在 8000 米以下，勘探难度大、技术要求高。识别出构造、寻找到圈闭，只是完成了油气勘探的第一步。要想发现埋藏在地层深处的油气并开采出来，离不开钻井、完井技术的突破，即所谓"钻头不到、油气不冒"。

塔里木油田一口口超深井钻井成功，装备的现代化和国产化立了头功。随着中国制造业的跨越式发展，8000 米、9000 米钻机的研制成功为钻探超深井提供了装备支撑。同时采用空气钻井技术使钻进速度越来越快，不到 100 天就可以打到 2500 米的深度，钻井速度远超以往几十倍。目前，塔里木油田已攻克 7500～8000 米超深超高压致密气藏勘探开发核心技术，实现超深层气藏的规模开发，并为油田向 8000 米以上领域勘探进军奠定了技术基础。

对勘探认识的不断深化，推动了深层勘探技术的不断进步。三维地震勘探技术使勘探工作对地质结构从"看不见"到"看得见"，再到"看得清、看得细"；超深复合地层垂直钻井、高效 PDC 钻头及配套技术，使复杂山地钻井从"打不成"到"打得成"，再到"打得快、打得好"；研制成功的规模缝网压裂、体积压裂改造技术，完善配套 140 兆帕超高压压裂车组，大幅提升了设备作业能力。工程技术瓶颈不断破解，实现了超深层天然气勘探大突破、大发现，助推了天然气规模建产、高效开发。

轮探 1 井的出油丰富了油气成藏的新理论，实现了油气大发现，标志着塔里木盆地寒武系盐下白云岩超深层勘探取得了重大突破，证实 8200 米以下地层依然发育着优质储盖组合和原生油气藏。

克深 2 井作为中国石油 2017 年风险勘探第一号目标，6 月 19 日开钻，设计目的层为古近系底部砂砾岩段、白垩系巴什基奇克组。2018 年 6 月 21 日完钻，揭开目的层 210 米，发现气层 122 米，在 6500 米之下获得高产气流。对 6573～6697 米层段酸化后，8 毫米油嘴、45 兆帕油压下求产，日产气 46 万立方米。至此，克拉苏构造带深层盐下天然气勘探取得战略性突破，标志着克拉苏深层大气田的发现。

为了克服储层超深、超高压、高温等世界级难题，塔里木油田在钻井提速、完井提产等方面开展联合技术攻关。2019 年 7 月 19 日，中国石油重点风险探井轮探 1 井（图 2-57）钻至井深 8882 米后完钻。这口井的井深超过了珠穆朗玛峰的海拔高度，成为当时亚洲陆上第一深井，创造了新的亚洲纪录，彻底打开了塔里木盆地深层巨大的油气宝库，标志着塔里木油田超深层钻探技术已经处于世界领先水平。

图 2-57　轮探 1 井重大发现嘉奖仪式（塔里木油田提供）

克深大气田是国内罕见的超深高温高压裂缝性低孔高效高产砂岩气田，约 70% 的钻井测试天然气日产量达 30 万立方米以上，60% 以上钻井无阻流量超过百万立方米，天然气中甲烷含量高达 95% 以上。克深大气田的发现，对加快新疆经济发展、保持新疆地区稳定、保障国家能源安全具有重要意义。

20 世纪 90 年代以前，在塔里木钻井都是采用进口钻机。为提高我国石油钻探装备的国产化水平，1991 年 1 月"6000 米电驱动沙漠钻机"被列入"八五"国家重大技术装备科技攻关项目。鉴于塔里木沙漠自然条件恶劣，对沙漠钻机的研制提出了许多特殊的要求，主要归纳为"六防两高"，即防沙、防高温、防大温差、防腐蚀、防颠簸、防爆，高可靠、高效率。在借鉴和吸收国外先进技术的基础上，历时五年，科研人员攻克了多项关键技术，在国内首次掌握了沙漠专用大型电驱动石油钻机的总体设计与研制技术。1997 年，"6000 米电驱动沙漠钻机"获国家科学技术进步奖一等奖。

（三）沙漠石油公路

要开发沙漠中的油田，就必须路通、电通、讯通。电通、讯通还好说，想要在浩瀚的沙漠上修公路实现路通，谈何容易！

困难是奇迹诞生的温床。中国石油人为了在大沙漠中谱写奉献能源的壮歌，硬是在频繁流动的沙体上创造了人类治沙筑路的奇迹（图 2-58）。

在流动性大沙漠修建公路，面临四大技术难点：一是长距离穿越地貌复杂的流动性大沙漠，线路的宏观走向与具体的布线如何选择；二是大量的筑路材料必须以就地取材为主，如何优选路面结构与施工工艺、控制工程造价；三是如何防止风沙掩埋，确保道路畅通；四是"游荡性"塔里木河桥位选择、桥渡设计和导流防护问题。

图2-58 沙海筑路现场（引自《塔里木的答卷》）

1990年2月，沙漠石油公路研究攻关领导小组成立，20个科研机构、200余名专家和技术人员组成联合研究团队，将"塔里木沙漠石油公路工程技术研究"分为7个一级研究专题和18个子专题，对选线技术、防沙治沙、筑路材料与路面结构及路基稳定、施工与养护技术、沿线水文地质及工程地质、塔里木河水文分析及导流防护设施、环境影响等进行了综合评价。

沙漠石油公路等级为二级，但按照一级公路的标准设计。1991年9月5日，在塔里木河以南40.8千米处的沙漠边缘，竖起了一块塔里木沙漠石油公路起点路标牌（图2-59），在这里进行沙漠公路路面结构的施工工艺试验。50天以后，沙漠公路8种结构两千米试验修筑的主体工程顺利完工。

经对8种结构反复试验，最终采用符合沙漠供水困难、无便道施工、干压实沙质路基，以及在铺设编织布的沙基上科学施用较薄砾石层、沥青层的"强基薄面"施工工艺。这种"强基薄面"结构的路面自上而下依次为沥青、沥青混凝土、级配砾石、天然砂砾、土工布、风积沙基。具体的修筑方法是：先把沙子推出路基形状，用土工布包裹固定，经干振动压实，路基抗压强度可以超过普通路基，达到国家标准的 1.5 倍以上。有了这样的路基，上面铺的石子层的厚度就可减少一半左右，筑路速度明显加快，成本却只有国内外同类公路的三分之一。

图 2-59　塔里木沙漠石油公路起点路标牌（引自《塔里木的答卷》）

路面问题解决了，还要面对素有"无缰野马"之称的塔里木河。过河就要建桥，而建桥前需要解决的最大难题就是导流防护、桥位选择和桥渡设计问题。1990 年 4 月，考察队对河道变迁、洪水漫流、地形地貌等做了全面考察勘测，选定在阔太克勒上游约 10 千米河段中部建桥，初步确定桥长 600 米。随后，科研人员对桥梁的长度、高度、孔跨及可能采用的桥位河段导治工程措施等，进行了不同类型和尺寸的多种方案比选试验，对桥位河流冲刷、洪水整治、桥梁基础深度、导流防护方案等进行了深入研究。最后选定了曲线形导流堤，保证了桥下河水流速分布匀称，避免河床发生集中冲刷现象，解决了河流局部摆动问题，该项技术填补了中国沙漠游荡性河流桥渡设计的空白。如今，长 625 米、高 50 米、桥面宽度 10 米，采用 25 米 5

孔一联的预应力混凝土连续空心板材料的塔里木河大桥,巍然耸立在浩瀚沙海之中,成为沙漠公路靓丽的风景线。

经过不懈奋战,石油人于1995年建成了北接轮南油田,南至民丰县城,全长522千米的塔里木沙漠石油公路。"八五"国家重点攻关项目鉴定会上,专家对塔里木沙漠石油公路的评价是:"沙漠公路是一篇宣言书,它向全世界宣告,中国的工程技术人员与工人,能依靠大协作的力量,攻克治理沙漠的世界难题。沙漠公路是部教科书,它不仅是高新技术密集的实录,而且还蕴涵了许多科学方法、科学思维的深刻道理。愿科学之光更多地惠泽人间!"

1996年5月9日,国家科学技术委员会在北京隆重召开"1995全国十大科技成就"表彰大会,"塔里木沙漠公路工程"被列为受表彰的科技成就之一。

1996年,"塔里木沙漠石油公路工程技术研究"获国家科技进步奖一等奖(图2-60)。

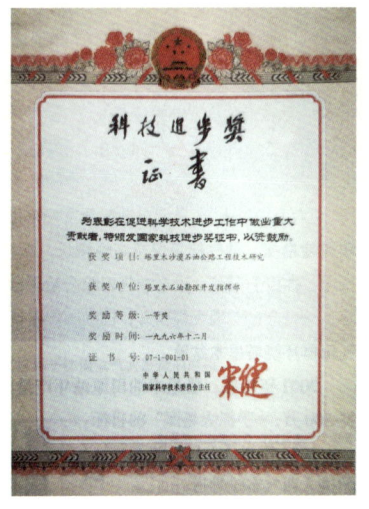  

图2-60 塔里木沙漠石油公路建造技术屡获大奖

1999年9月29日，塔里木沙漠石油公路作为世界上连续穿越流动沙漠最长的公路，被载入吉尼斯世界纪录。

1991年起，塔里木石油勘探开发指挥部经过10多年的联合攻关，研究出沙漠公路生物防沙技术体系。2003年8月，沙漠公路防护林工程全面开工，北起沙漠公路肖塘道班，南至315国道，全长436千米，总面积3.2万平方千米，种植苗木2080万株。沙漠公路防护林苗木成活率达87%以上，实现了当年种植、当年成林、当年发挥防护效益的目标。

塔里木沙漠石油公路是世界上第一条，也是目前最长的贯穿流动性沙漠的等级公路；是沙漠石油开发的希望之路，也是新疆各族人民的造福之路。该公路的建成，填补了世界沙漠工程的空白，在中国乃至世界公路建设史上写下了辉煌而骄傲的一笔。

（四）塔里木的答卷

1989年4月10日，中国石油天然气总公司向党中央、国务院呈报的《关于加快塔里木盆地油气勘探的报告》，获得批准。来自五湖四海的石油儿女，肩负着"稳定东部，发展西部"的重任，齐聚库尔勒，剑指黄沙，在塔里木盆地展开了中国石油工业20世纪的最后一场会战。

在祖国需要的时候，塔里木人以"坐不住"的使命感、"等不起"的紧迫感，把忠诚和担当作为能源报国的第一使命，砥砺前行，顽强奋战，向地下油气开战，打响了塔里木石油会战的总攻战（图2-61）。

塔里木会战职工瞄准世界水平，发挥采用新的工艺技术，新的管理体制的优势，打一场硬仗，打出高水平、高效益，向党中央交出一份令人满意的答卷。

图 2-61　塔里木石油会战誓师动员大会（引自《塔里木的答卷》）

时代出卷，石油人答卷，党和人民阅卷。半个甲子，弹指一挥间。30 多年过去了，塔里木石油人交出了一份成绩卓越的答卷。

建设了一个 3000 万吨级规模的大油气田。30 余年来，先后发现中国第一个在沙漠腹地的塔中油田，中国第一个亿吨级海相砂岩油田——哈得油田，中国最大、特高压、特高产、特高丰度的整装气田——克拉 2 气田，中国第一个亿吨级礁滩相油气田——塔中 1 油气田，中国最大的凝析油气聚集带——牙哈—英买力油气田群，以及迪那 2、克深 2 等 32 个大型油气田，成为西气东输主力气源地。截至 2020 年 12 月累计向西气东输供天然气 2688 亿立方米，惠及下游 15 个省（自治区、直辖市）、120 多个大中型城市约 4 亿人。

催生了一个崭新的石油石化工业城市。塔里木石油会战 30 余年来，凭借天然气资源优势，繁荣了库尔勒这座秀丽的城市（图 2-62）。建成了天然气精细化工、棉纺化纤、石油装备及制造业等产业体系，围绕油气产业促进了 10 万劳动力就业。

图 2-62　库尔勒市新貌（引自《塔里木的答卷》）

探索了一个新形势下油田开发的新模式。在改革开放的大潮下，勇于探索"油公司"体制改革，提出了广泛采用新的管理体制和新的工艺技术，实现会战高水平高效益的"两新两高"的工作方针，开创了中国陆上石油企业走向市场经济的先河，创造了"塔里木速度"，铸就了"塔里木模式"。

形成了一系列的沙漠勘探开发新理论、新技术。一部塔里木的石油会战史，就是一部塔里木科技创新史。在塔里木石油会战中，充分发挥开放式科研体制的优势，与国内外一流企业、科研院所、石油高校密切合作，聚焦攻坚难点，担当起向地球深部进军的先锋，大力开展"科技攻关年"活动，不断挑战自然极限，攻克一个个台盆区、前陆高陡构造区、深层和超深层世界级勘探开发难题，先后形成"两大油气地质理论"和"十大勘探开发配套技术"。"克拉 2 大气田的发现和山地超高压气藏勘探技术"获 2001 年国家科学技术进步奖一等奖（图 2-63），"塔里木盆地高压凝析气田开发技术研究及应用"获 2005 年国家科学技术进步奖一等奖。

形成了一个良好的油地共同发展体系。塔里木油田深入贯彻落实党中央治疆方略，聚焦社会稳定和长治久安总目标，忠实履行央企经济、政治、社会三大责任，在为国家创造财富、实现国有资产保值增值的同时，全力支持地方经济社会发展，以企业的更大发展带动地方更大发展，在民族团结、改善民生、环境保护、维护稳定等方面作出了实实在在的贡献。塔里木油田与当地"同船划桨，互利共赢"，促进了油田所在地巴州经济结构的转型，推动了巴音郭楞州经济实力迅速提升。2018年，巴音郭楞州实现生产

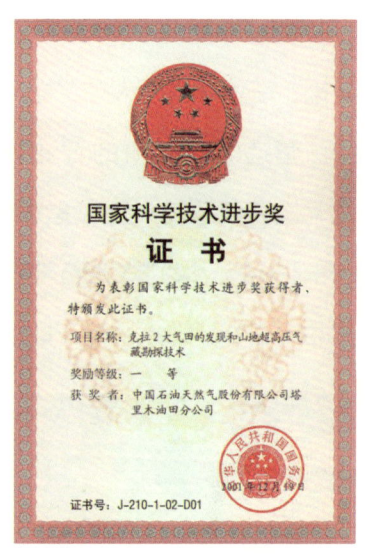

图2-63 "克拉2大气田的发现和山地超高压气藏勘探技术"获国家科学技术进步奖一等奖

总值1027.5亿元，地方财政收入106.56亿元。巴州人民政府将每年4月10日，定为巴音郭楞石油节。

铺就了一条民族幸福之路。塔里木油田坚持将社会责任作为企业发展重心始终不变，将新疆人民群众对美好生活的向往作为塔里木石油人奋斗目标始终不变。2013年，中国石油重大扶贫工程——南疆天然气利民工程投运，环塔里木盆地长达2424千米的天然气主管网向南疆五地州供气300多亿立方米，使400万南疆各族百姓从"柴煤时代"跨入"绿色时代"，为新疆社会稳定和长治久安作出了积极贡献，谱写了油地融合发展的壮丽诗篇。

走出了一条环境保护的新路子。开发大漠，造福人民，是塔里木石油人的责任。"坚持绿色发展，保持油区天蓝水清""开发一个区块，建设一片绿

洲""生产不扰沙海,退役不留后患"是塔里木石油人的理念。会战30余年来,塔里木石油人在戈壁荒漠中,植树绿化面积达482.6平方千米。

塑造了一种新的石油会战精神。在塔里木会战中,"只有荒凉的沙漠,没有荒凉的人生"是塔里木石油人的高尚品格和奉献精神的集中体现(图2-64)。以"艰苦奋斗,真抓实干,五湖四海"为核心的塔里木精神,成为大庆精神铁人精神在塔里木石油会战中的再现。

图2-64 塔里木石油人征战"死亡之海"的奋斗格言(塔里木油田提供)

五、气润神州

为祖国加油争气,这里所说的气就是天然气。天然气是指自然界中存在的各种气体,包括大气圈、水圈和岩石圈中各种自然过程中形成的油田伴生气、气田气、泥火山气、煤层气和生物生成的沼气等可燃性气体及二氧化碳等非可燃性气体。而通常意义上的天然气是指从能量角度出发,特指产自地下储层中的低分子量烷烃,其主要成分是甲烷。

天然气是绿色环保的清洁能源,其二氧化碳排放量要比煤炭低 43%,比石油低 28%。据测算,使用 1000 亿立方米天然气相当于替代 1.33 亿吨煤炭,可减少二氧化碳排放 1.42 亿吨。采用天然气作为燃料可减少煤和石油的用量,对改善环境、减少污染大有益处。

2020 年,中国天然气产量大幅增加到了 1888 亿立方米,新建成天然气管道约 4984 千米,环渤海、东北等六大区域的储气库群正在形成。气化中国成绩斐然,气润神州"福气"同享。一个更加便捷、更加清洁、更加实惠的天然气利用时代已然形成。

天然气的形成到走进千家万户

(一)从"重油轻气"到"半壁江山"

为国家争骨气,为百姓送福气。中国的天然气开发史,就是一部为国家、为民族、为百姓"争气"的历史。

新中国成立初期,中国石油工业的发展重点放在"油"上,从地下挖油(天然石油),从石头里蒸油(人造石油),千方百计提高"油"的产量。

造成很长一段时期内"重油轻气"。由于当时不具备天然气储运设施和条件等,对于采油过程中的伴生气,往往"点天灯"——用竖管导出后放空燃烧。

天然气按照其生成和储藏形式可分为伴生气和非伴生气两种。非伴生气包括纯气田天然气和凝析气田天然气两种,在地层中都以气态存在。伴生气是伴随原油共生,与原油同时被采出的油田气,通常是原油的挥发性部分,以溶解气的形式或者气顶的样貌存在于油藏之中,凡有原油的地层都有天然气,只是油气产量比例不同。很多油田在开发初期,处处是火炬,天然气呼啸对天烧,虽然促进了"油"的快速发展,却忽略了天然气的利用价值,极大地浪费了资源。

随着时间的推移和石油工业的发展,开始认识到天然气作为一种气体燃料,比石油更清洁、快捷、高效和优质。于是,天然气的发展被提到议事日程上。1961年,党中央对四川盆地的勘探开发提出要坚持"油气并举,以气为主"的方针。1972年10月,燃料化学工业部在胜利油田召开石油勘探开发专业会议,提出了"有油要油,有气要气,油气并举"战略方针。

油气并举战略方针的确立,促进了天然气工业的快速发展。1978年,中国原油产量为1.045亿吨,而天然气产量只有137.3亿立方米,油气产量之比为1∶0.13。2020年,全国原油产量为1.95亿吨,天然气产量为1888亿立方米,油气产量之比为1∶0.97,天然气与石油"平分秋色",成为中国石油工业的"半壁江山"(图2-65)。这对于改善中国能源结构、加强环境保护、提升人们生活品质,有着十分重要的促进作用。

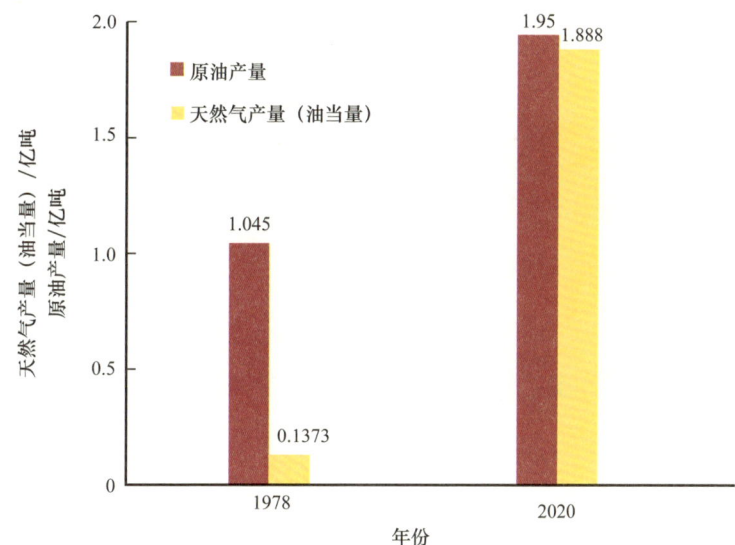

图 2-65 1978 年和 2020 年全国油气产量对比

（二）天然气产业链的四个重大突破

天然气勘探开发的难度不亚于石油，甚至比石油勘探开发的难度还要大。从目前发现和开采的主要天然气田看，天然气特别是非常规天然气，大都埋藏在致密砂岩、页岩之中，其勘探开发难度远远比石油的勘探开发难度大。石油科技人员锐意进取、刻苦攻关，在天然气勘探开发的理论和技术方面，实现了"四个突破"。

川渝天然气开发

一是油气地质理论的突破。传统的石油地质学理论有著名的"六字诀"：生（生油条件）、储（储集）、盖（盖层）、圈（圈闭）、运（运移）、保（保存）。根据"六字诀"，找圈闭，找构造，形成了传统的石油地质理念和评价技术以及物探画圈、地质定点、钻井打眼的石油勘探程序。而近年来，油气地质专家发现，过去认为烃源岩内残存的油气，因分散且在正常情况下无法流出，不能形成有经济价值的油气藏，现在证实此观点并不正确；过去认为地层因致密使孔隙少而小，不能形成有效储层，也不适合作为勘探开发对象，现在压裂改造技术的进步使其成为可采的有效储层；过去认为如果油气藏后期被破坏，轻质组分首先散失，会形成流动性差的重油/稠油，用常规技术很难采出，现在随着钻探技术的进步，也可以开采了。这是对传统油气勘探理念醍醐灌顶式的冲击，"六字诀"从根本上发生了动摇，传统的石油地质理论被颠覆了！这是油气勘探开发领域里的一场深刻革命，大大扩展了找油找气领域。

二是油气工程技术与装备的突破。"十三五"期间，油气工程技术装备实现了自主化，取得了一系列标志性成果，其中包括高精度三维地震与宽方位、高密度三维地震、CPLog 地层成像测井系统与一体化测井软件、窄密度窗口安全钻井技术、7000 米自动化钻机、8000 米钻井技术、非平面齿 PDC 钻头、高温螺杆钻具、深井钻井液、深井大温差固井技术等，为加快重点区域的油气勘探开发发挥了重要支撑作用。

三是非常规油气勘探开发技术系列的突破。初步建立了 3500 米以浅海相页岩气勘探开发技术系列，助推了页岩气实现工业化开采；水平井、丛式井、多分支钻井及压裂等技术不断发展完善，支撑了致密气、煤层气开发平稳发展；建立了致密油气"甜点"评价方法和参数体系，开展了水平井体积压裂和"人工油气藏"技术方法研究，致密油气勘探开发进入工业开采阶段。

四是天然气储运技术系列的突破。陆上天然气管道设计技术趋于成熟，全自动焊接和非开挖穿越技术日益完善，高钢级管材制造技术不断进步，初步形成了气藏型储气库和盐穴储气库管理体系框架，已建最大液化天然气

（LNG）接收站规模能力达到了 680 万立方米。自 1963 年国内建成第一条输气管道巴渝线以来，经过 50 余年的发展，截至 2020 年底，全国已建成主干天然气管道 7.9 万千米，年输气能力达到 2400 亿立方米，初步形成了西气东输管道系统、陕京天然气管道系统、川气东送天然气管道系统和联络天然气管道等四个"国家级天然气管网系统"，以及京津冀区域管网、长三角区域管网和珠三角区域管网三个"区域性天然气管网网络"。天然气主干管网已经覆盖除西藏以外所有省（自治区、直辖市）。

（三）深层页岩气革命

天然气按照开采难易程度，分为常规天然气和非常规天然气。常规天然气在传统的技术条件下即可经济有效开采，而非常规天然气成藏机理与常规天然气不同，开发难度较大，需要采用压裂改善储层渗流条件，才能经济开采。非常规天然气主要包括页岩气、致密气、煤层气及天然气水合物等。

21 世纪初，世界能源领域发生了一件举世闻名的大事——美国的页岩气革命，在很大程度上影响了世界能源的格局。页岩气成为非常规天然气领域里的一颗新星，在能源界备受关注。

据联合国贸易和发展会议（UNCTAD）2018 年 5 月发布的一份报告显示，中国的页岩气资源量达 31.6 万亿立方米，为世界第一。中国的页岩气不仅资源量多，技术可采资源量占比也很高。2019 年，中国页岩气探明地质储量 1.8 万亿立方米。

中国的页岩气革命也在悄悄兴起。美国页岩气井井深一般在 1500～2000 米，而中国的页岩气埋深大部分在 3500～4000 米，甚至达到七八千米，因此，中国的页岩气革命被更多的人称为"深层页岩气革命"。

中国深层页岩气开发，最主要得益于对传统找油理论的颠覆，其中包括对烃源岩的认识、对油气运聚成藏机理的认识、对页岩渗透性的认识、对构造评估的认识等。这些新认识、新理念，催生了对页岩气认识的飞跃式突变，因此被称为油气勘探开发领域里的一场深刻革命。

在中国石油勘探史上，有着众多具有里程碑意义的第一口井或者发现井。2010年，在四川威远地区打出了第一口页岩气井——威201井，使中国在页岩气开发领域迈出了实质性的一步（图2-66）。

图2-66 中国第一口页岩气井——威201井（西南油气田提供）

威201井位于四川省威远县新场镇。该井由中国石油川庆钻探工程有限公司川东公司负责钻探，于2009年12月18日开钻，2010年4月18日完钻，井深2840米。2010年8月，对该井下寒武统筇竹寺组和上奥陶统五峰组—下志留统龙马溪组页岩层段直井压裂，测试获页岩气日产量1.08万立方米。2010年11月，该井投产，正式宣告了中国第一个页岩气田——威远页岩气田横空出世，拉开了威远地区乃至中国页岩气开发的序幕。

威 201 井的主要意义在于先导性试验,通过试采初期的生产情况,了解页岩气的属性特点和开采前景。此后,又相继在同一区块打了威 201-H1 井、威 201-H3 井两口评价井。这三口井页岩气藏埋深均在 3000 米左右,因此威远气区的页岩气被定义为"深层页岩气"。

为了加快页岩气勘探开发技术集成和突破,形成相应的开采工程技术系列标准和规范,探索页岩气勘探开发的经济政策和更有效的环境保护方法,实现中国页岩气规模效益开发,推动页岩气产业的发展,国家除了将页岩气作为新的矿种进行扶持,并先后出台了一系列页岩气发展规划和政策之外,还根据页岩气地质构造特征,分别建立了四川长宁—威远、重庆涪陵、云南昭通、陕西延安等四个国家级页岩气示范区(图 2-67)。页岩气示范区的建立,有效地促进了我国深层页岩气开发技术进步。

图 2-67 四川长宁—威远国家级页岩气示范区作业现场(西南油气田提供)

页岩气开采难，这是全球业界的共识，更何况中国的页岩气大多埋藏在地下3000米以下的页岩层中，横向展布差异大，开采难度更大。在勘探开发理论、物探与井筒技术及装备研发方面，快速掌握了开采的"武功秘籍"，拿到了改造储层的"金钥匙"。这个"武功秘籍"和"金钥匙"就是水平井＋体积压裂＋工厂化。

水平井钻井就是利用井下动力钻具与随钻测量仪器等钻水平井段的一种特殊定向钻井技术，其井斜角大于86度。需要采用随钻测量、井眼轨迹控制、井壁稳定、钻井液完井液技术等钻井工艺组合。在油气田开发中，水平井可以增加目的层的泄油气面积，油气产量是常规直井的数倍。一口水平井可替代几口直井，从而减少占地和钻进过程中的排污量。

体积压裂就是用高压泵将混合支撑剂的液体加压后注入目的层中，迫使岩层破裂，形成相互交错的缝隙网络。岩层形成裂缝后需填充固体支撑物质，如石英砂或者陶粒等，不让裂缝自然闭合，页岩气就会源源不断地从人工造成的缝隙中流动出来。

"工厂化"即"井工厂化"（图2-68）。"井工厂"以系统工程为理论基础，集中配备人力、物力、施工用料、地面设施等生产要素，将工厂化管理手段、方式和理念应用到常规、非常规油气的勘探开发过程中，实现资源合理配置。具有批量化、

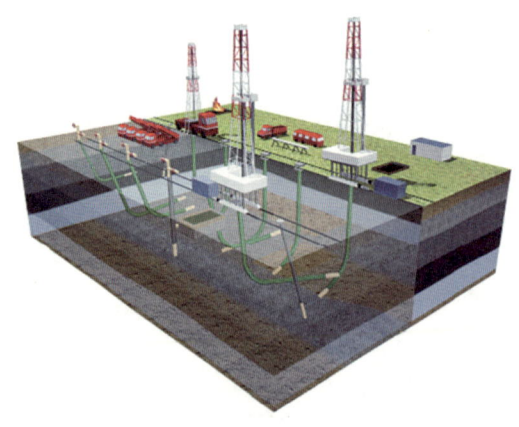

图 2-68 "工厂化"作业模式示意图（引自《中国石油科技进展丛书（2006—2015年）》）

流程化、标准化、自动化、效益最大化等优点。

2017年，中国石化"涪陵大型海相页岩气田高效勘探开发"获国家科学技术进步奖一等奖。

科技的发展推动中国页岩气开采不断取得新的胜利。2020年，中国页岩气进入快速工业化规模开采阶段，产量达到200亿立方米。中国的页岩气在世界页岩气领域中已经形成"1+1+2结构"，即页岩气资源量第一，可采储量第一，产量第二。预计到2030年，中国页岩气的年产量将达到1000亿立方米，"千亿立方米蓝图"愿景正激励着中国页岩气开发在跨越式发展的过程中，迎来新的时代！

天然气净化厂

（四）中国四大天然气生产基地

天然气是绿色能源，经过数十年的发展建设，我国已建成鄂尔多斯、四川、塔里木和海域等四大天然气生产基地，2020年四大生产基地生产天然气1640亿立方米，约占全国总产量的87%。

2020年，鄂尔多斯盆地天然气产量572亿立方米，是我国目前最大的天然气生产基地。盆地内主力气田包括苏里格、靖边、榆林、神木、子洲—米脂、大牛地等，其中苏里格气田是我国产量最大的气田，也是最大的致密气田。

2020年，塔里木盆地天然气产量330亿立方米，主力气田为克拉2、克深、迪那2、大北、英买力、塔中1等，塔里木盆地内气藏以深层高压气藏为主。

2020年，四川盆地天然气产量565亿立方米，主要有安岳、罗家寨、普光、元坝等常规气田，川南、涪陵等页岩气田（图2-69）。

图 2-69　中国石油西南油气田蜀南气矿作业现场（西南油气田提供）

2020 年中国海域天然气产量共 173 亿立方米，南海为生产主力，2020 年产量 133 亿立方米，其次为渤海和东海，海域主力气田包括荔湾 3-1、东方 1-1、乐东 22-1 等。

除四大天然气生产基地外，我国还建成了柴达木盆地、松辽盆地和准噶尔盆地等中小型天然气生产基地及沁水煤层气生产基地，这些区域 2020 年天然气总产量达到 248 亿立方米。图 2-70 为 2020 年中国天然气产量构成。

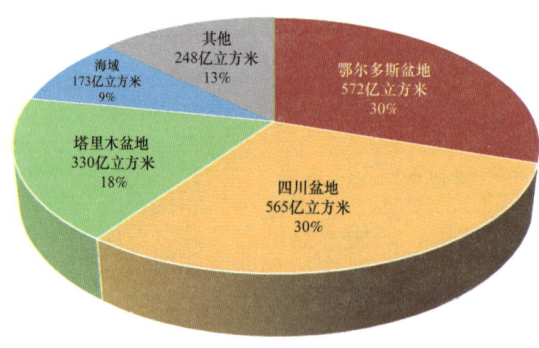

图 2-70　2020 年中国天然气产量构成

（五）中国四大天然气进口通道

随着国民经济的高速发展，中国国产天然气的供应远远满足不了国民经济发展的需求，为了保障国家能源安全，共享全球天然气资源，从国外进口大量天然气补充国内天然气供应则是必然的选择。目前，中国西北、西南、东北、海上四大天然气进口通道已全面贯通。"我国油气战略通道建设与运行关键技术"获2014年国家科学技术进步奖一等奖（图2-71）。

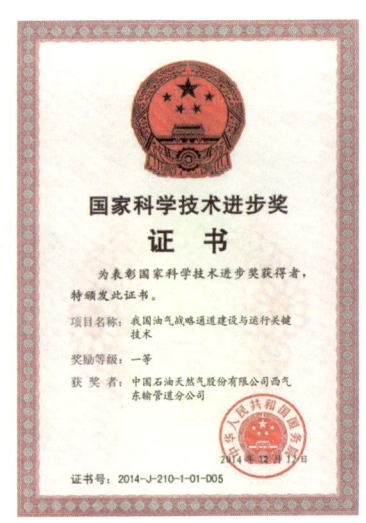

图2-71 "我国油气战略通道建设与运行关键技术"获国家科学技术进步奖一等奖

西北进口通道——中亚天然气管道。西起土库曼斯坦和乌兹别克斯坦边境，穿越乌兹别克斯坦中部和哈萨克斯坦南部，经新疆霍尔果斯口岸入境。已实现A、B、C三线并行，入境后通过霍尔果斯压气站与西气东输二、三线管道相连，单线长度1833千米，总设计输气能力为每年550亿立方米。主要气源来自土库曼斯坦和乌兹别克斯坦，2017年又开拓了哈萨克斯坦气源。每年从中亚国家输送到国内的天然气约占全国同期消费总量的15%以上。D线正在建设之中。图2-72为2009年12月5日，土库曼斯坦天然气抵达霍尔果斯时的庆祝仪式。

西南进口通道——中缅油气管道。这是在"一带一路"倡议下的先导性和示范性项目。项目于2010年6月正式开工建设，包括原油管道项目和天然气管道项目，其中天然气管道于2013年投产运行，原油管道在2017年正式投产运行。图2-73为中缅油气管道建设现场。

图 2-72 2009年12月5日,土库曼斯坦天然气抵达霍尔果斯庆祝仪式(中油国际管道有限公司提供)

图 2-73 中缅油气管道建设现场(中油国际管道有限公司提供)

东北进口通道——中俄天然气管道。管道中国段北起黑龙江省黑河市,途经9个省(自治区、直辖市),南至上海,管道全长5111千米,其中新建管道3371千米,利用在役管道1740千米,是继中亚管道、中缅管道后,向中国供气的第三条跨国境天然气长输管道。全线分黑河—长岭、长岭—永清、永清—上海的北、中、南三段。中俄东线是我国首条智能管道建设的试点工程（图2-74），项目扎实构建了管道数字孪生体，实现了建设期管道全数字化交付，并在运营期实现生产管理数据积累。2019年12月2日，在中俄两国领导人见证下，北段正式投产通气，其设计最高年输气量可达380亿立方米，设计供气年限为30年。

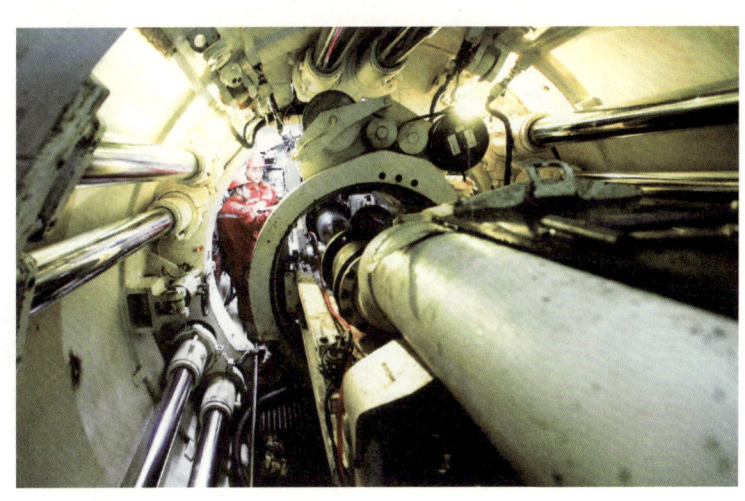

图2-74 中俄东线嫩江穿越工程盾构作业现场（国家管网集团北方管道有限责任公司提供）

海上进口通道，主要是进口LNG。将常压下气态天然气冷却至零下162摄氏度，便会凝结成液体，形成液化天然气。进口LNG必须由海路运输，并且需要专业的运输船。LNG进口量在中国天然气进口总量中的占比逐年增加，2017年超过管道气进口量。2020年，LNG进口量占到天然气进口总量的65%。除中国石油、中国石化和中国海油与澳大利亚、卡塔尔、马来西亚、印度尼西亚等国签订了长期购买协议之外，中国贸易商在LNG现货市场的采购也比较积极。

智慧管道

2020年，中国LNG进口来源国达到24个。据海关总署统计数据，2020年，中国天然气进口油当量为1.0166亿吨，首次超过1亿吨，是世界第一大天然气进口国。图 2-75 为 2018 年 7 月 19 日,中国首船亚马尔 LNG 经北极东北航道运抵江苏如东 LNG 接收站。

图 2-75　中国首船亚马尔 LNG 经北极东北航道运抵江苏如东 LNG 接收站（引自《石油华章》）

六、深海探宝

中国既是陆地大国,也是海洋大国。不仅领土"地大物博",纳百川而澎湃的领海也是"海阔物丰",除了丰富的水生动植物外,还蕴藏着丰富的石油、天然气、可燃冰等矿产资源。从某种角度上说,与陆地相比,大海深处的能源蕴藏量更为丰富,开发前景更为广阔。

1954 年,地质部部长李四光将渤海湾列入中国三大石油勘探远景之一。1965 年,石油工业部正式发出"上山、下海、大战平原"的号召,"下海"就是组织力量到大海里找油。1966 年 12 月 15 日,中国第一座自行设计、建造、安装的海上固定式钻井平台建造完成,12 月 31 日,渤海第一口海上探井——海一井开钻。1967 年 6 月 14 日,海一井获工业油流(图 2-76)。6 月 21 日,国务院发来贺电,祝贺中国海上第一口石油探井获工业油流,后将该钻井平台改为采油平台。

海洋石油工程

1979 年,中国改革开放的春风吹醒了海洋石油工业,在展开国际合作的同时,开始实施"陆海统筹,海陆并进"的油气勘探开发战略。

1982 年,中国向全世界发布《中华人民共和国对外合作开采海洋石油资源条例》。中国的"海上特区"由此诞生!海洋石油工业开始蓬勃发展。

2012 年,党的十八大报告指出:提高海洋资源开发能力,发展海洋经济,保护海洋生态环境,坚决维护国家海洋权益,建设海洋强国。这句宣言再次吹响了中国海洋石油工业砥砺奋进的号角,让进军深海寻油找气的热潮再起洪波。

图 2-76 1967 年，我国海上第一座采油平台试产成功（引自《百年石油》）

（一）向海洋深处挺进

目前世界公认的深水定义是：从水面到海床垂直深度 500～1500 米称为深水，水深超过 1500 米为超深水。中国海洋石油工业起步时，仅能在浅水区作业，受限于技术装备水平落后而无法涉及深水区。

早在 19 世纪末，就有发达国家关注深水区里的石油、天然气，国际石油巨头也纷纷将勘探开发的"触角"伸向深水区。截至 1996 年底，世界深水钻井总数约占海洋钻井数量的 75%，发现可采储量约占 84%。1998 年，深水钻井数量比 1996 年翻了一倍多。2000 年，全球在深水区探明的油气近 20 亿吨。在美国墨西哥湾、巴西、安哥拉、尼日利亚、澳大利亚等地，不断传来在深水区发现大型油气田的消息。深水区被视为 21 世纪潜力巨大的能源接替区。

深海有宝藏，坐拥约 470 万平方千米领海的中国自然不甘落后。然而深海探宝，谈何容易。"望洋兴叹"感动不了"龙王爷"，唯有奋起直追才是唯一的出路。

习近平总书记指出,建设海洋强国必须大力发展海洋高新技术,重点是深水、绿色和安全。响应党中央号召,向海洋深处、更深处挺进,再挺进,海洋石油人发出了铮铮誓言。

在深海找油的首选目标确定在了南海。而当时,中国在南海所钻的探井均不超过 500 米水深,仍然在浅水之中徘徊。

1987 年,中国海油深水项目组成立,奏响了深海石油勘探的进行曲。1988 年 2 月,康世恩来到湛江,听取南海石油勘探工作汇报后,提出了"北部海湾实现年产 100 万吨原油、莺歌海建成南海万亿大气区"的目标,并意犹未尽地挥毫题词:

> 传说哪吒能闹海,
> 吾辈如今翻海底。
> 科学技术显神威,
> 乌龙白龙来朝拜。

这位有着海洋石油情结的老石油人,早在 20 世纪 70 年代就说过:"要抓大鱼,就要到大海里去""莺歌海不搞出油气来,死也不撒手"。他提出的宏伟目标,为海洋石油人增添了奋进的勇气和动力。一场深水石油勘探的攻坚战在大洋深处打响了。

2002 年,中国海油在珠江口盆地钻探的番禺 30-1-1 井获得巨大成功。这是挺进深水的第一步,是叩开深水石油勘探大门的"敲门砖"。

2006年，中国第一口超千米水深的探井荔湾3-1-1井开钻，实际水深近1500米，创下了中国当时海上钻井水深的最高纪录，并探明了约500亿立方米的天然气地质储量，令全球石油界瞩目。

2010年，流花16-2-1井开钻，发现厚油层，测试产能达555吨/天，探明地质储量超2000万吨。流花油田是中国第一个水深超过400米的海上油田（图2-77）。

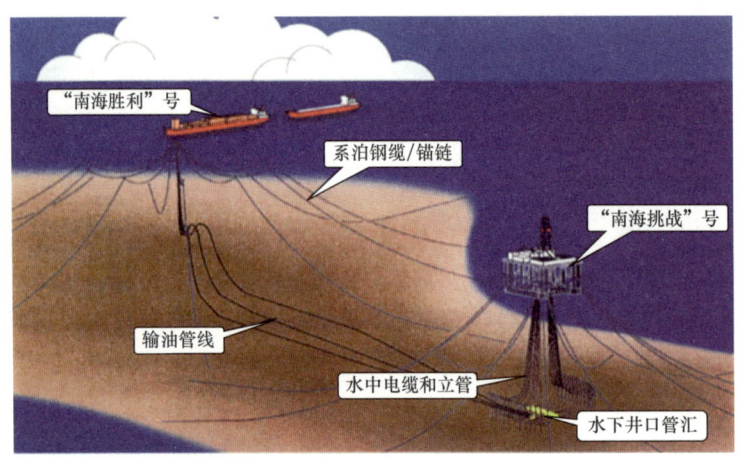

图2-77　流花油田生产设施示意图（引自《中国油气田开发志》）

2014年，海洋石油人在几家国际石油公司参与风险勘探折戟沉沙的地方——琼东南盆地的陵水凹陷，用中国独立设计制造的"海洋石油981"钻井平台，开始在水深1500米处钻探深水探井陵水17-2-1井。陵水17-2-1井的钻探成功标志着中国实现了从深水向超深水的跨越。

2018年12月，中国首个深水自营气田——陵水17-2气田开发项目投入全面建设，开发建设的主力装备、全球首座十万吨级半潜式储油平台——"深海一号"（图2-78），拥有30年不回坞持续生产能力，总装快速搭载和精度控制技术达到了世界先进水平。中国全面掌握了10余种水下关键装备的自主制造技术和测试技术，对于深海油气田开发具有重大意义。中国海洋石油工业的"深水战略"取得了重大进展。

图2-78 全球首座十万吨级半潜式储油平台——"深海一号"（中国海油湛江分公司提供）

（二）海上采油大平台

海上的油井不能像陆地油田那样分散，需要集中在一个大型平台上进行油气生产，称为海上采油平台。无论近海还是远海进行石油开采都需要建造石油开采平台，用于设备安装和人员居住。

1971年，中国在渤海发现第一个海上油田——海4油田（图2-79），为此在该油田先后建造了两座海上钻井平台。其中，"渤海4号"是渤海石油勘探初期由固定式平台转为搬迁式平台的一座试验性钻井平台。后来，由于该平台钻探的第一口井为高产井，且原准备用于拔桩搬迁的起重船尚未建成，故决定该平台不再搬迁，而是将其加固改建成了固定式钻井平台。该平台在钻完9口井之后，于1975年5月被改造成采油平台，为中国第一座海上采油平台。

图 2-79 中国第一个海上油田——海 4 油田（引自《中国油气田开发志》）

中国第一座现代化海上采油平台是 1986 年安装在渤海埕北油田的采油平台，它长 60 米，宽 64 米，高 23.6 米，达 9382 吨。这是中国自行建造的第一个海上原油处理装置，是一座符合国际标准的现代化海上采油平台。由生产平台和公用设施及生活平台组成，其中生产平台可以把采出的天然油液处理成合格的商品原油，上面装有 126 台原油处理设备和 1000 多个自动化监控测试仪表，下通 23 个井眼，日产原油 546 吨、天然气 4 万立方米。这是当时中国最大的一座海上采油平台。这一平台的建成，填补了中国海上采油设施制造技术的空白，表明中国已经能够独立制造海上油田勘探、钻井、采油全过程的成套设备。

中国最先进的海上采油平台是中国海油深圳分公司于 2014 年建造投产的海上主力采油平台"南海挑战号"，它位于广东省海丰县海岸正南方大约 200 千米处的大海深处，平台长宽各 70 余米，高出海平面 30 米左右。平台各项工种专业化程度极高，水下作业全部由机器人执行。

（三）海上油气加工厂

陆上的炼油厂、石油化工厂，炼塔高耸，罐群林立，管线如织，十分气派。海上也有油气加工厂，正式的名称是"浮式生产储油卸油装置"，英文缩写"FPSO"，是对开采的石油进行油气分离、处理含油污水、动力发电、供热、原油产品的储存运输和集人员居住与生产指挥系统于一体的综合性的大型海上石油生产基地。

从海底地层中开采出的石油、天然气运到岸上有两种办法，一是用轮船运，二是铺设管线输送。这两种方法均存在一个很大的缺点：在运输油气的同时，里面的杂质也一起运到了陆上，不仅运输成本高，风险也很大。为解决这个问题，建造FPSO对原油处理后再输送成为最佳方式。

FPSO通过海底输油管线接收来自海上油井的油、气、水等混合物，将混合物加工处理成合格的原油和天然气，合格产品被储存在船舱中，达到一定量后经过原油外输系统，由油轮输送至陆地（图2-80）。这就如同在海上建立了就地取材、就地加工、就地产出优质产品的海上"联合站"，既减少了成本，又降低了风险。FPSO广泛适合于远离海岸的深海、浅海海域及边际油田的开发，目前已成为海上油气田开发的主流生产方式。

图2-80　浮式生产储油卸油装置（引自《海上特区40年》）

FPSO 的整体结构由两大部分组成：上部组块和船体。上部组块完成对原油的加工处理，而船体负责储存合格的原油。根据系泊方式不同，可分为多点系泊和单点系泊两大类。其技术结构为系泊系统、船体部分、生产设备、卸载系统和配套系统。

中国的 FPSO 产业起步较晚，1986 年，我国在北部湾油气开发中首次采用了 FPSO，1989 年我国自行设计、建造了第一艘 FPSO "渤海友谊"号，1990 年后建造了"南海发现"号、"南海开拓"号和"南海胜利"号。2009 年 3 月，中国第一艘完全自主设计、建造的 30 万吨级 FPSO "海洋石油 117"在蓬莱 19-3 油田投入使用。

作为开发海洋石油的关键设备，FPSO 不仅在设计、建造与安装技术上反映出一个国家的工业水平，而且其"自成一体"的规模化和专业化也在相当程度上体现了一个国家的海洋工程综合实力。图 2-81 为 FPSO 作业模式示意图。

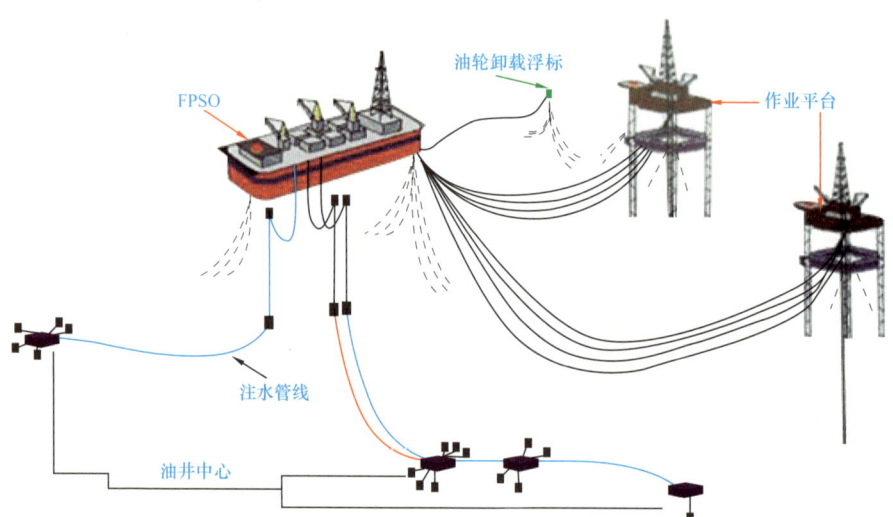

图 2-81　FPSO 作业模式示意图（引自《海洋油气开发装备》）

经过 30 余年的不懈探索，中国已可建造从作业海域水深 20 米到 2000 米的 FPSO，吨位从 5 万吨级到 35 万吨级，船型从抗冰型、浅水型到抗台风型，从依靠外国进行设计到自主研发，并走出国门承接了多个国际市场 FPSO 设计与建造订单。2015 年，中国承揽了巴西国家石油公司 P67 和 P70 两艘 FPSO 的工程总承包项目（EPC）合同，开创了中国自主集成并成功交付世界级大型 FPSO 的先河。

2018 年 5 月，中国自主集成设计建造的世界级"海上油气加工厂"P67 交付巴西国家石油公司。P67 总长超过 300 米，宽约 74 米。使用钢材约 4.5 万吨，电缆约 150 万米，材料采办来自全球 30 多个国家。其国产化程度高达 75%。

P67 是中国首次自主建造集成的 35 万吨级 FPSO。排水量相当于辽宁号航空母舰的 5 倍，年处理能力达 1000 万吨。它不仅对海上原油天然气进行初步加工、储存和外输，而且集人员居住与生产指挥系统于一体，是一个综合性的大型海上石油生产基地。

P67 的"姊妹船"P70 创新性地应用了智能化界面管理系统，借助可视化、数字化、物联网等技术，提升了自身在高端海洋工程领域的整体实力，带动了国内机电、冶金等多个行业的国际化进程。P70 国产化比例达到了 75%，辐射带动了国内 100 多家设备生产厂商实现了"走出去"，为推动中国与"一带一路"沿线国家在能源领域的合作打下了良好基础。

2020 年 5 月，中国最大作业水深的 FPSO——"海洋石油 119"，于山东青岛正式交付起航。上部模块拥有国内最复杂的海上油气处理工艺流程，每天可以处理原油 2.1 万吨，天然气 54 万立方米，相当于一座占地 30 万平方米的陆地油气处理厂。装备了首套国内自主设计建造的浮式轻烃回收系统,通过回收利用原油伴生气,有效减少了气体排放,是当之无愧的"海上超级工厂"。

截至 2020 年底,中国拥有 18 艘海上浮式生产储油卸油装置,规模位居世界前三。

(四)大型深水物探船

物探船是海洋地球物理勘探的专用工作船,作为勘探领域的关键装备,可独立完成大面积海域的地质勘探,具备高效、高质量的三维地震数据采集和处理能力,能够降低海洋勘探的风险和成本。物探船需要有新一代高精度、高强度续航能力、自持能力、抗风浪能力,以及高效的深海长距离、多缆大面积地震勘探作业能力(图 2-82)。

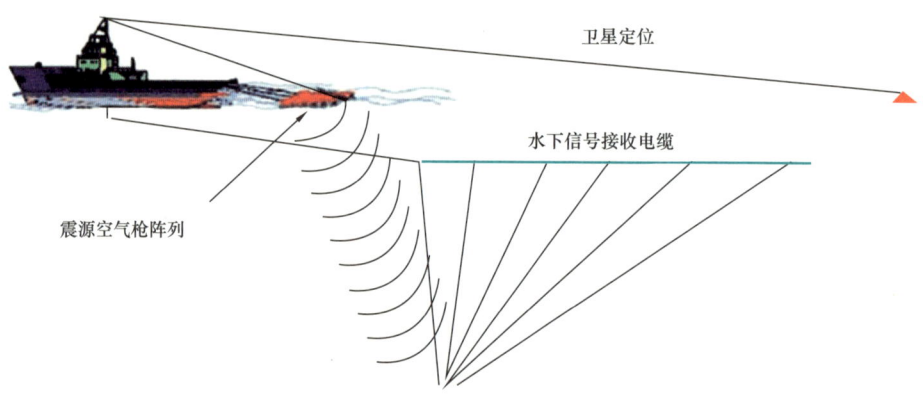

图 2-82 海上拖缆地震勘探工作示意图(引自《大型深水物探船船型研究》)

2010 年 4 月,"海洋石油 720"物探船靓丽问世(图 2-83)。这是中国第一艘 12 缆大型三维物探船,也是中国自主设计建造的"五型六船"之一,由中国海油投资建造。其设计建造注重船舶性能、采集能力、设备可靠性和稳定性,以及节能、减排等指标,成为安全、高效、环保、节能的海上作业平台,是国家科技重大专项项目,主要开展海上三维地震采集作业。

图 2-83 "海洋石油 720"物探船(引自《海上特区 40 年》)

深水物探船的震源激发系统采用多气枪激发,接收系统采用压电检波器,作业时,物探船引导拖揽按照测线方向前进,形成边行驶、边激发、边接收的工作方式。"海洋石油 720"物探船配备了国内首套大型海底地震波勘测系统,可在 5 节航速下拖带 12 条 8000 米固体采集电缆、双震源 8 排子阵列进行三维地震采集作业,从而保证了勘探作业的连续性和高效性。代表了物探船高效、精确、大面积、高质量地进行三维地震采集作业的主流技术发展方向,填补了中国在海洋石油物探装备方面的空白。

"海洋石油 720"的亮相,标志着中国深水物探从此实现了从小型物探船、二维物探船到三维大型物探船的跨越。

2016 年,"海洋石油 720"物探船完成了北极巴伦支海和赤道海域作业,标志着中国具备了在极寒、极热条件下实施海域三维地震采集的作业能力,为中国技术装备"走出去",参与"一带一路"深水油气勘探领域合作提供了装备支持。

深水物探一小步，海洋勘探一大步。中国海洋物探技术的推广应用，是中国装备和服务走向国际市场的风向标，带动研发技术人员、研发机构、船舶制造企业、材料供应商的广泛参与，进而推动中国海洋工程技术领域的全面发展。

七、大国石油重器

大国逐梦，重器在手。装备制造，是让国家昂首挺胸的钢铁脊梁。一件件大国重器的背后，是广大科技工作者的热血与担当。

国家有重器，行业有利器，支撑着中国各行各业在国际舞台上扬眉吐气。石油石化行业也是重器在手的一支劲旅。新中国成立初期，我国石油装备十分落后，小到螺丝、钻头，大到钻机和炼化装置，几乎全部靠进口。经过几十年的艰苦攻关，我国的石油装备基本实现了国产化，制造水平达到了国际先进，不仅能完全满足自用，还大量出口。这些体现"中国制造"世界水准的石油装备，是我国石油工业日益挺拔的脊梁，是世界第一大工业国的骨气、志气和底气！

匠之大者，举重若轻。填补一项项技术空白，获得一次次国家大奖，中国石油人浓墨重彩地书写了科技创新的传奇。

（一）"海洋石油 981"

开发深水石油资源，建设海洋石油强国，要靠海洋石油重器。

20 世纪 80 年代以来，世界实力超群的跨国石油公司和一些海洋科研院所，投入大量人力、物力、财力，持续不断地开展深水工程技术及装备的研究。特别是欧洲的"海神计划"和美国的"海王星计划"，在深海装备、高技术领域各领风骚。

2012 年 5 月 9 日，是一个不同寻常的日子，"海洋石油 981"钻井平台的钻头在南海 1500 米深的水下探入地层。中国实现了独立深水钻探的壮举,成功地跻身于"世界超深水俱乐部"。

"海洋石油981"深水半潜式钻井平台是海上"巨无霸"(图2-84),是深海领域里的"流动的国土"和"定海神针",是中国"海油智造"的靓丽名片。

图 2-84 "海洋石油981"出海作业(中海油田服务股份有限公司提供)

"海洋石油981"的"9"代表钻井平台、"8"代表深水、"1"代表第一艘。它是中国首座自主设计、建造的第六代深水半潜式钻井平台,是21世纪海洋油气开发最为关键的设备。这个钻井平台整合了全球一流的设计理念和一流的装备技术,首次按照南海恶劣海况设计而成,遇12级以上的台风仍可安然无恙。

"海洋石油981"是"五型六船"深海油气开发"联合舰队"的旗舰,担负着地球物理勘探、地质勘查、钻井作业、海底铺管、物资保障等职能。"五型六船"即5种型号、6艘可在水深3000米海域工作的深海工程装备船。"海洋石油981"半潜于海面，4个立柱下"踩"两个船体，甲板室顶部配备直升机起降平台。平台上满是机械手臂，矗立海面宛如钢铁巨人。

"海洋石油981"深水半潜式钻井平台长114米，宽89米。从船底到井架顶端的高度为137米，相当于45层楼高。质量3.067万吨，作业排水量5万吨，最大有效载荷2亿牛顿，甲板可变载荷9000万牛顿。论体积，称其为海上"巨无霸"当之无愧。

其最大作业水深3000米，最大钻井深度可达10000米。船身有8台推进器，每台推进器的动力相当于5个火车头的动力，可自行移动，最快速度8节。

"海洋石油981"虽然体型庞大，但它的内部构造却极其精细，系统集成工作量是散货船的5倍以上。如果一般轿车上有二三十个传感器，散货船有五六百个，而它的传感器超过了一万个，是一个庞大的"智造工程"。

"海洋石油981"创造了国内钻井平台建造的"9个首次"：首次采用南海200年一遇的环境参数作为设计条件；首次采用3000米水深范围DP3动力定位、1500米水深范围锚泊定位的组合定位系统；首次创造了半潜式平台可变载荷9000万牛顿的世界之最；首次成功研发世界顶级超高强度R5级锚链；首次在船体的关键部位系统地安装了传感器监测系统；首次采用了最先进的本质安全型水下防喷器系统；首次建立了全景仿真模拟系统；首次完成中国船级社（CCS）和美国船级社（ABS）双船级入级检验；首次建立了一套完整的超深水半潜式钻井平台作业管理、安全管理和设备维护体系。

2014年，"海洋石油981"在南海北部深水区陵水17-2-1井力擒"气虎"，发现了陵水17-2大型气田。这是中国海域自营深水勘探的第一个重大油气发现。

"海洋石油981"获得了国际同行的高度赞誉。加拿大哈斯基公司在使用"海洋石油981"后评价道:"平台的隔水管及海底防喷器安全控制系统集成设计理念在全世界是最先进的,而且功能强大,可保证深水作业的绝对安全。"美国船级社评价这座超深水半潜式钻井平台的价值时说:"研发了世界上最优秀的3000米钻井隔水管与海底防喷器安全控制系统,确保了深水钻井作业的安全,是深水钻井安全技术的重要里程碑。"

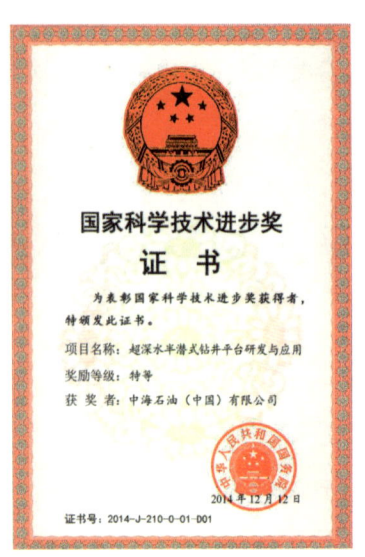

图2-85 "超深水半潜式钻井平台研发与应用"获国家科学技术进步奖特等奖

中国海油"超深水半潜式钻井平台研发与应用"获2014年国家科学技术进步奖特等奖(图2-85)。中国工程院院士曾恒一代表研究、设计、建造运营团队登台领奖。习近平总书记亲切地说,中国海油这项研究成果非常好,希望你们再接再厉,为国家作出更多的贡献。

"海洋石油981"被誉为"深水利器""深海蛟龙",它的建成标志着中国深水油气资源勘探开发能力和大型海洋装备建造水平跨入了世界先进行列,开启了中国开采深海油气的新时代。

(二)"蓝鲸1号"

2017年2月13日,中国又一海洋大国重器宣布问世,它就是中集来福士海洋工程有限公司自主设计、自主建造的半潜式钻井平台"蓝鲸1号"(图2-86)。

图 2-86 "蓝鲸 1 号"与三艘供应船（中国石油海洋工程有限公司提供）

"蓝鲸1号"钻井平台长117米，宽92.7米，从船底到井架顶端高118米，相当于37层楼高，达4.2万吨，最大作业水深3658米，最大设计钻井深度15240米。拥有27354台设备、4万多根管路、5万多个（电机控制中心）报验点，电缆总长度1200千米。配置了高效的液压双钻塔和全球领先的DP3闭环动力管理系统，两台钻机可同时进行钻井、连接套管、下放防喷器等主副线作业（图2-87），有效减少了钻井辅助时间，可提升30%的作业效率，节省10%的燃料消耗。同时配备了主副两套100兆帕压力级别的水下防喷器，每套防喷器配备三组剪切闸板，这是井喷控制的最后一道屏障，大幅度提升了常规压力控制设备的能力，保证了作业安全。采用零污染排放设计，最大限度地降低对周边海洋生物的影响。

"蓝鲸1号"的海上抗风险能力特别强，在16级台风环境中，可以做到稳如泰山。除了本身的稳定性特别强外，可根据外部环境，实时控制底部8个推进器的转速和方向，即使在16级台风中，整个船的偏移也不会超过0.5米。

图 2-87 "蓝鲸 1 号"钻井平台结构（中国石油海洋工程有限公司提供）

"蓝鲸 1 号"是目前全球作业水深最深、钻井深度最大、设计理念最先进的半潜式钻井平台，适用于全球深海作业，代表了当今世界海洋钻井平台设计建造的最高水平，将中国深水油气勘探开发能力推向世界先进水平的最前列。

用世界上最大的生物"蓝鲸"为其命名，是设计者与建造者在向这项海洋工程领域的科技奇迹表达美好的希冀。

2017 年 5 月，"蓝鲸 1 号"刚刚交付不久，就接到了一个重大任务——前往南海神狐海域试采可燃冰。在深海试采可燃冰是世界级难题，如同"在豆腐上打铁、用金刚钻绣花"，其危险性不亚于在火药桶上放爆竹，目前仅有少数几个国家进行过试验性开采。

2017 年 5 月 10 日，"蓝鲸 1 号"在南海水深 1266 米海底以下，试采可燃冰释放出了 12 万立方米天然气，最高日产量达 3.5 万立方米，平均日产量超过 1.6 万立方米，其中甲烷含量最高达 99.5%，圆满完成预定目标，实现了理论、技术和工程的重大创新，创造了可燃冰连续开采时间最长和产量最高两项世界纪录。

"蓝鲸 1 号"实现了中国可燃冰开采的历史性跨越，使中国成为世界上第四个发现可燃冰的国家。

2017 年 5 月 18 日，国土资源部庄严宣布我国首次海域可燃冰试采成功。这对保障国家能源安全、优化能源结构，具有里程碑式的意义。自此，我国成为全球领先掌握海底可燃冰试采技术的国家，为实现我国可燃冰的商业性开发利用，提供了技术储备，积累了宝贵经验。

"蓝鲸 1 号"累获殊荣：2014 年，荣获《World Oil》颁发的最佳钻井科技奖；2016 年，获美国 OTC 国际石油工业展览会最佳设计亮点奖；2017 年，入选国家级"优秀海洋工程"名单，受到了党中央、国务院的表彰；2018 年，荣获"第五届中国工业大奖"。

2019 年 10 月 1 日，"蓝鲸 1 号"模型亮相庆祝中华人民共和国成立 70 周年花车游行"创新驱动"方阵，"蓝鲸 1 号"代表了中国科技领域的重大成果，成就了中国的海洋强国梦想。

（三）万米深井钻机

进入 21 世纪，我国陆上复杂油气田特深油气藏和海洋深水地区油气藏勘探陆续取得突破，在塔里木盆地、准噶尔盆地、四川盆地和南海、东海等区域发现了资源前景好的超深、特深油气藏。为了对这些油气藏进行钻探，对万米超深井钻机的需求极为迫切。而国外对超深层油气藏勘探开发装备的技术垄断，使得自主研发特深井钻机已成为超深层油气藏勘探开发和探索地球科学的重大战略需求。

1999年，宝鸡石油机械厂（简称宝石机械）研发成功ZJ70D钻机。该钻机于2005年4月完成了被誉为"伸入地球内部望远镜"的中国大陆"科钻一井"钻探任务。

2007年11月16日，石油钻井领域又传来一个好消息——中国首台具有自主知识产权的12000米特深井石油钻机（图2-88），在宝鸡石油机械厂研制成功，使我国成为少数掌握12000米陆地钻机设计制造技术的国家之一，为我国石油装备制造业树起了一座巍峨的丰碑。

"先进钻井技术与装备"等课题作为国家"863"计划重大项目之一，历经4年攻关取得成功，钻机关键技术全部实现自主创新，使我国成为继美国之后第二个拥有万米级钻探装备的国家。

12000米钻机为钢结构塔式井架，高达52米，能在55摄氏度高温的赤道附近和零下40摄氏度的极地环境下正常工作，并能根据工况自

图2-88　12000米特深井交流变频电驱动钻机（宝石机械提供）

动加减速、刹车、报警，使钻井作业的智能化水平和安全系数大大提高。

2008年3月，12000米钻机承钻中国川西海相深层科学探索井——川科1井。这口井被业内专家称为中国石油工业二次创业标志性工程之一，2009年8月7日完钻，完钻井深为7560米，对于推动海相科技难题的解决以及地质科学探索，具有十分重要的意义。

2011年9月，12000米钻机钻探发现了中国埋藏最深的大型海相气田——元坝气田，气田埋藏深度超过7000米。

2017年10月，12000米钻机承钻顺北蓬1井的钻探任务。设计井深9075米，完钻井深8455.77米，创造了国内直径177.8毫米套管下入最深和定向点最深两项纪录，并创造亚洲陆上录井、电成像测井、常规测井、完井、取心的最深纪录。

12000米钻机是世界上第一台数字变频超万米的特大型钻机和最先进的特深井陆地石油钻机，是挑战入地极限的"利器"和"探地神针"，被列为"2007年中国十大科技进展"，2011年荣获"国家自主创新产品"称号。万米钻机的问世，提升了我国石油装备制造水平，改变了我国石油装备长期依赖进口的局面，带动了相关产业快速发展。

目前，中国"地壳二号"钻机的设计研发工作已经启动，目标是实现15000米的钻探深度。负责该项目的我国科学家宣布，中国有能力为本国乃至全球的地层深部钻探作出更大的贡献，发现更多的地球奥秘和油气资源，造福全人类。

智能钻井

（四）地质导向钻井装备

"给钻头装上眼睛和鼻子，让钻头盯着油层，闻着油味儿走"，这不是异想天开,这种"航地导弹"就是地质导向钻井装备,在中国已经研发成功。

所谓地质导向钻井,就是把钻井、测井和油藏工程技术融为一体,在钻井过程中,既可进行工程和地质参数的测量,同时又具有导向功能的一种新技术。地质导向钻井是 20 世纪 90 年代国际石油工程界推出的一种高新技术,具有测量、传输和导向三大功能。在不确定地质目标的情况下,钻头能够准确地进入很薄的油层,随着油层的高低起伏追踪前行。

因为技术含量极高,该技术是衡量一个国家钻井技术水平的重要标志,当初只有美国和法国两个国家的石油公司拥有这项技术,花再多的钱都不可能买到产品,只能请拥有产品的公司提供高价服务,一口井的服务价格在几百万人民币以上。没有自己的技术,不仅需要不断地花大价钱购买服务,还会长期受制于人。中国迫切需要自主研发地质导向钻井技术。

如果把地质导向钻井比作在地层深处穿行的"飞毛腿",随钻测井则犹如给它装上引航指路的"千里眼",两者"门当户对",相得益彰,是钻速快、成本低、效率高的绝配组合,实现了"指哪儿打哪儿"的钻探最高境界。

1996 年,苏义脑提出研制国产地质导向钻井系统的意见。1999 年,中国石油组织联合攻关团队,由中国石油勘探开发研究院钻井工艺研究所牵头,苏义脑任课题组长,开始长达数年的近钻头地质导向钻井系统的研制。从应用基础理论研究开始,历经系统总体设计、分系统设计、模型建立、室内实验、算法研究、软件编制、工艺研究、样机制造、子系统现场实验、系统联调等多个环节和多次系统现场实验……历时十年,终于研制成功具有中国自主知识产权的 CGDS-1 近钻头地质导向钻井系统,实现了中国钻井技术发展的重大突破,填补了国内空白。

中国第一套 CGDS-1 近钻头地质导向钻井系统由新型正脉冲无线随钻

测量系统（MWD）、测传马达系统、无线接收系统和地面信息处理与决策系统等4个子系统构成。其核心是通过"测、传、导"的功能，实时双向掌握近钻头地质参数和工程参数，引导钻头及时发现并准确钻入油气层，从而提高发现率和单井油气产量，达到增储上产的目的（图2-89）。2009年，"近钻头地质导向钻井系统与工业化应用"获得国家技术发明奖二等奖和"国家自主创新产品"证书。

图 2-89　地质导向钻井示意图（中国石油工程技术研究院提供）

CGDS-1近钻头地质导向钻井系统已经实现了产业化，应用规模覆盖国内外油气钻探领域，为中国油气勘探提供了重要的技术支持，为提高中国钻井技术的核心竞争力作出突出贡献。

花开两朵，再表一枝。2014年，中海油田服务股份有限公司研制成功旋转导向钻井及随钻测井系统，也称地下"贪吃蛇"系统。2015年5月4日，利用该系统在渤海进行钻井作业，一趟钻完成813米定向井段作业，成功命中1613.8米、2023.28米和2179.33米三处靶点，最大井斜角

49.8度,最小靶心距2.1米。这样的精度,无异于百步穿杨。这项技术历时8年研制成功,标志着中国成为全球第二个拥有旋转导向钻井及随钻测井技术这两项核心技术的国家。

(五)千型压裂成套装备

石油天然气埋在地下的岩层里,许多岩层比较致密,渗透率低,需要用高压将地层压裂出条条缝缝,再用支撑物注入充填,以便增大油气渗流的通道。

压裂是油气井增产的一项重要技术措施,是提高单井油气产量的最有效手段。对于特殊的岩性,压裂是打开油气藏最合适的方法。

压裂的关键设备压裂车,需要根据我国特殊路况、地下地质条件和压裂施工工艺要求而研制,具有超高压力、大功率、大排量和长时间连续作业的特点,可应用于低渗透油气藏储层增产改造,尤其是页岩气、致密气储层的压裂作业(图2-90)。

图2-90 大型压裂施工现场(引自石油百科图库)

我国压裂装备的自主研制始于 20 世纪 80 年代，机型以 800 型、1000 型、1800 型和 2000 型为主，已研制形成了 1000 型至 3000 型系列化压裂装备。

2008 年，国家科学技术部将"2500HP 大型数控成套压裂装备研制"列为国家"863"计划项目，由中国石化石油工程机械有限公司第四机械厂承担 2500 型压裂机组研制任务。项目团队在大功率压裂车、大排量混砂车、超高压管汇、大型集群控制等核心技术上取得重大突破，研制出国际上首套 2500 型车载移动式压裂机组。整套机组由 8 台压裂车、1 台混砂车、1 台压裂仪器车和 1 台压裂管汇车组成，具有施工压力高、排量大、能快速移运、机动性能好等特点。

2008 年 6 月，2500 型压裂机组在四川普光气田投入工业应用，现场施工最高压力达到 132 兆帕，连续工作时间达到 15 小时，创造多项压裂施工新纪录。在我国西南、西北、华北、中原等地区 16 个油气田的超高压井、水平井和页岩气大型压裂施工中得到大规模的推广应用，为我国致密油气及页岩油气的高效开发作出了重要贡献。

2014 年，烟台杰瑞石油服务集团股份有限公司在第十四届国际石油石化技术装备展览会宣布，成功研制世界首台 4500 马力❶涡轮压裂车——"阿波罗涡轮压裂车"。该压裂车搭载了 5600 马力涡轮发动机和 5000 马力超级车载压裂泵，被称为"目前全球单机功率最大的压裂车"，与传统的 2000 型压裂车相比，减少了 55% 的井场占地、车组人员配套和现场高低压管汇工作量。

---

❶ 1 马力 =735 瓦特。

近年来，四川宝石机械专用车有限公司成功研制 2500 型电驱压裂车和 3000 型、7000 型电驱压裂橇；中国航天科工集团旗下宏华集团有限公司研制的 6000 型电驱压裂橇，已批量投入使用；中国石化石油工程机械有限公司第四机械厂和烟台杰瑞石油服务集团股份有限公司联合研制成功了 3000 型压裂车和 5000 型压裂橇，形成大功率压裂车、大规模混配液装置、超高压集输管汇、大型集群控制等核心技术，在油气开发中发挥了重要作用。

（六）大型化加氢反应器

石油被开采出来之后，只有经过处理加工才能够生产出各种燃料和石化产品，为人们的生产和生活提供便利。在石化基地，那些高大壮观的各种加工设备中，加氢反应器是十分重要的"高大重"设备之一。

加氢反应器是加氢装置的核心设备，根据反应器使用过程中高温介质是否与器壁接触，可以将其分为冷壁结构和热壁结构。在石油炼制过程中，其主要用于将石油中的重质部分转化为轻质油来生产汽油、柴油等。

热壁式反应器的器壁直接与介质接触，器壁温度与操作温度基本一致，所以被称为热壁式反应器。虽然热壁反应器的制造难度较大，一次性投资较高，但它可以长周期安全运行，目前已在国际上被普遍采用。

在实际应用中，由于加氢反应器需长期处于高温高压、易爆临氢、高含硫及硫化氢等环境中，使用条件苛刻，因此设计和制造难度较大。

自 20 世纪 80 年代，我国就着手开始进行加氢反应设备的研究。

1983 年 1 月，石油工业部和机械工业部正式组织成立了热壁加氢反应器联合攻关组。1989 年 3 月，经过不懈努力，终于自行研究、自行设计、自行制造成功了我国第一台 400 吨锻焊结构热壁加氢反应器，1989 年投产后一直在安全运行。首台锻焊结构热壁加氢反应器的诞生，结束了我国锻焊热壁加氢反应器依赖进口的历史，是我国压力容器发展史上的重要的里程碑。

1995年12月，"400吨锻焊结构热壁加氢反应器研制"获国家科学技术进步奖一等奖。

国产锻焊热壁加氢反应器技术研发成功之后，在镇海石化公司、吉林石化公司、辽阳石化公司先后得到了推广应用。随着加氢装置的大型化，反应器的规格也越来越大。

2002年3月28日，我国首台质量达526吨的2.25Cr-1Mo-0.25V锻焊热壁加氢反应器在大连加氢反应器制造有限公司水压试验一次成功。2009年12月，"2.25Cr-1Mo-0.25V材料开发及加氢反应器研制"获得中国机械工业联合会、中国机械工程学会颁发的中国机械工业科学技术进步奖一等奖。"超大加氢反应器研制及工程应用"获得2010年国家科学技术进步奖二等奖。

进入2018年，中国制造的加氢反应器以总质量2400吨、总长70米的规模和复杂制作工艺打破了世界加氢反应器的纪录，满足了国内炼油工业发展对加氢反应器的需求。

2020年6月，中国一重集团大连核电石化有限公司承制的全球首台3000吨超级浆态床锻焊加氢反应器制造成功，设备质量超3000吨，总长超70米、外径6.15米、壁厚0.32米，是目前世界单体最重的浆态床锻焊加氢反应器（图2-91）。该设备再次刷新了世界锻焊加氢反应器的制造纪录，彰显了我国加工"石油重器"和实施超级工程的实力，表明我国超大吨位石化装备制造技术继续领跑国际。

图 2-91 全球首台 3000 吨超级浆态床锻焊加氢反应器列装起航（浙江石化提供）

八、海外油气明珠

伴随着中华民族伟大复兴进程的加快,中国日益走进世界舞台中央,中国石油工业也开始了迈向海外、逐梦全球的旅程。

在 20 世纪 70 年代以前,中国石油工业的发展靠的是千方百计把外国的设备、技术、人才"引进来",很少有人想过有一天会带着国产的技术和装备走出国门。

斗转星移,天地翻覆。改革开放以后的中国石油工业开始"强起来"和"走出去"。1993 年,中国石油率先实施"走出去"的国际化经营战略,带头试水国际石油勘探开发市场(图 2-92),取得了巨大的成功。目前,已经在全球构建了亚洲、欧洲和美洲三大国际油气运营中心,打造了横跨中国西北、东北、西南和东部海上四大国际油气战略通道,建成了中亚—俄罗斯、中东、非洲、美洲和亚太五大海外油气合作区。

图 2-92 在沙特阿拉伯作业的地震车队(东方物探提供)

截至 2020 年底，中国石油石化企业先后在全球多个国家和地区运作着上百个油气合作项目，其中仅中国石油海外油气业务就在全球 35 个国家管理运行着 90 多个合作项目，包括了"一带一路"沿线 20 个国家和地区的 52 个油气投资项目。

（一）海外油气合作南美启航

从安第斯山脉的崇山峻岭，到亚马孙河流的纵横交错，从委内瑞拉马拉开波湖的波光粼粼，到巴西近海的一望无际，中国海外油气合作从南美地区启航。

"走出去"伊始，中国海外石油公司充分发挥国内多年积累的精细勘探和复杂老油田开发技术优势，以油田开发和老油田提高采收率项目为主，进行低风险的小项目投资。这是开拓国际市场的"试验田"和"敲门砖"。

1993 年 3 月，中标秘鲁北部塔拉拉油田七区块，是中国海外油气合作的第一标。

塔拉拉，西班牙语意为"布满荆棘的地方"，地上沙漠化的低地与丘陵相间，地下断层构造破碎复杂，其中塔拉拉六区块 140.2 平方千米范围内，地下就有断层 400 多条，被地质界称为地质学家的"坟墓"。

塔拉拉七区块于 1874 年投入开发，塔拉拉六区块于 1903 年投入开发，两个区块都有上百年的开发史，可采储量采出程度高达 97%，七区块平均单井日产油仅 0.4 吨。

中国石油海外项目团队采用复杂断块油田滚动勘探开发综合评价、开发后期挖潜和低渗透油层改造等多项适用技术，生产技术上"一井一策一工艺、一层一策一方法"，取得很好的开发效果。

塔拉拉六区块 4226 井获得日产 443 吨的特高产量，成为秘鲁历史上措施产量最高的一口井。塔拉拉七区块 13209 井在 3109 米处，打出了塔拉拉地区最深的优质储层，颠覆了西方专家关于"2652 米以下为水层"的误判。

塔拉拉六区块和七区块的石油产量从最初中国石油进入时的 232 吨/天，升至 1997 年的最高产量 938 吨/天（图 2-93），充分展示了中国海外石油公司开发管理复杂老油田的技术实力，被秘鲁媒体称为"20 世纪秘鲁石油界的最大新闻"。

图 2-93　秘鲁项目"千桶井"纪念碑（引自《石油华章》）

中国海外石油公司利用技术上的优势，通过小型项目的历练，迅速在国际市场上站稳了脚跟，赢得了信誉，为后续从事大中型项目及高风险项目的运作打下了良好基础。

在委内瑞拉，中国海外石油公司研发超重油油藏泡沫油水平井冷采开发配套技术，使 MPE3 项目采收率提升 2.6 个百分点，水平井段油层钻遇率达到 95%，储层动用程度提高 10% 以上，高效建成千万吨级超重油大油田，成为中委油气合作的典范。

在巴西，中国海外石油公司遇到了巨大的困难。巴西专家说，巴西不缺少石油，缺少的是将复杂地层中的石油采出来的技术。项目团队对地质情况进行了深入研究，探索发现超深水盐下湖相碳酸盐岩沉积规律，形成了集成盐下碳酸盐岩储层综合预测等五项特色技术，在里贝拉项目主断裂以东地区，新扩含油面积 40 平方千米，新增石油地质储量近 5 亿吨。项目累计探明石油地质储量超过 16 亿吨，有望建成 4000 万吨级的海上大油田。图 2-94 为 2018 年 5 月该项目首船深海份额油抵达大连港。

图 2-94　2018年5月15日，巴西里贝拉项目首船深海份额油抵达大连港（中国石油国际勘探开发有限公司提供）

（二）中西非裂谷盆地探宝

非洲板块中西非裂谷系是世界上最大的被动裂谷盆地群。1995 年至 2008 年，中国海外石油公司全面进入中西非裂谷系开展油气勘探，陆续在苏丹、乍得和尼日尔等国家运作 8 个油气项目。

"尼罗，尼罗，长比天河！"这句谚语道出了苏丹人对尼罗河的那份深厚情感。尼罗河是世界上最长的河流，穆格莱德盆地是尼罗河流域上一颗璀璨的明珠，是中西非裂谷系诸多盆地中最大的一个。

穆格莱德盆地在苏丹、南苏丹境内被划分成 1、2、4、5A、5B、6、B、

C等多个合同区块。1995年9月,中国海外石油公司获得苏丹6区项目,1996年11月,中标苏丹1/2/4区项目。1997年7月,开始全面参与1/2/4区的地质研究和勘探工作。作为一家开展国际化经营还不到5年时间的公司来说,要想赢得合作伙伴的尊重和信赖,必须亮出超越竞争对手的"金刚钻"。

苏丹1/2/4区第一项任务是在尤尼提地区部署一批新井位。以全国劳动模范苏永地为代表的地球物理攻关团队先后钻出的9口探井(图2-95),口口出油,钻探成功率100%,被誉为"非洲神探"!

图2-95 中外科研人员研究处理地震资料(引自《石油华章》)

项目团队创新建立了穆格莱德被动裂谷盆地油气成藏模式,搞清了穆格莱德盆地早期裂陷控源灶、后期叠置裂谷控区域盖层、转换带控砂、反向翘倾断块富油、油源和断层侧向封堵等地质特征,集成发展了与盆地相适应的精细二维地震构造制图、连片三维地震及变速构造成图和低阻油层识别等技术,二维地震区探井成功率达60%以上,三维地震区探井成功率达90%以上。

苏丹4区新区带风险勘探进程中先后发现2个亿吨级油区和1个五千万吨级油区，新增石油地质储量2.5亿吨。1/2区滚动勘探与甩开勘探相结合，发现了20多个油田，新增石油地质储量6.5亿吨。

图2-96 "苏丹Muglad盆地1/2/4区高效勘探的技术与实践"获国家科学技术进步奖一等奖

苏丹1/2/4区于1999年正式投入开发，当年建成产能750万吨，2001年产量规模达到1104万吨，建成海外第一个千万吨级大油田。2004年达到1574万吨的高峰产量。2001年至2008年连续8年作业产量保持1000万吨以上。"苏丹Muglad盆地1/2/4区高效勘探的技术与实践"获2003年度国家科学技术进步奖一等奖（图2-96）。

在素有"世界火炉"之称的苏丹首都喀土穆，中国海外石油公司采用中国规范、中国标准、中国技术和装备，通过三期工程成功建成年加工能力500万吨的现代化炼油厂（图2-97），生产的成品油满足了苏丹国内绝大部分成品油市场的需求。该炼油厂成为苏丹展示能源工业一体化、完整产业链的标志性工程，也是中国在海外合资建设的第一座大型炼油厂。

苏丹喀土穆石油项目被称赞为"中苏合作的典范"。

苏丹石油工业的快速发展，大大带动了本国经济社会的发展，使其从一个传统的农业国，大步走上现代工业发展的道路。当地百姓从以游牧为主到进入定居点稳定生活，从薄弱的基础设施到医院、学校、桥梁等配套设施相继建成（图2-98），生活水平大幅提升。苏丹总统巴希尔曾说："为苏丹石油工业的开创作出最大贡献的是中国，干得最出色的是中国石油。"

图2-97　500万吨级苏丹喀土穆炼油厂（中国石油国际勘探开发有限公司提供）

图2-98　中国石油捐资助建的苏丹麦罗维友谊大桥（中国石油国际勘探开发有限公司提供）

在南苏丹，以童晓光院士为首的项目团队，创新建立迈卢特裂谷盆地油气跨世代聚集的成藏模式，发现了一个5亿吨储量的世界级大油田。项目累计探明石油地质储量 8.7 亿吨，建成年产 1500 万吨生产能力。南苏丹项目的成功，充分展示了中国海外石油公司的技术实力，也为大规模开展海外自主勘探赢得了信誉。

在乍得，这个被称为"非洲死亡之心"的国家，项目团队克服恶劣的环境锁定邦戈尔盆地，创新建立强反转裂谷成藏模式，探明石油地质储量 5 亿吨，建成年产 600 万吨产能油田、520 千米输油管道和年加工能力 100 万吨的炼油厂。2011 年 6 月 29 日，乍得恩贾梅纳炼油厂建成投产（图 2-99），乍得总统代比亲临现场视察并题词："我们赢得了能源独立战役的胜利，而这些得益于与中华人民共和国的合作"。

图 2-99　乍得恩贾梅纳炼油厂（中国石油国际勘探开发有限公司提供）

在尼日尔，中国海外石油公司把"只有荒凉的沙漠，没有荒凉的人生"的豪情壮志带到撒哈拉大沙漠腹地，针对特米特盆地创新建立海陆叠合裂谷成藏模式，探明石油地质储量 5.15 亿吨。建成了年产百万吨的油田、462 千米输油管道和年加工能力 100 万吨的炼油厂。

（三）共绘中亚能源合作蓝图

20 世纪 90 年代，哈萨克斯坦等中亚国家实施对外开放政策，为了充分利用丰富的油气资源振兴经济，迫切需要将石油"黑金"变现，并谋求油气出口的多元化。

塔里木盆地的克拉 2 气田于 1998 年建成，"西气东输"世纪工程由此启动。但"西气东输"气源地能否持续充足供气尚有疑问，后备资源不足的风险依然存在。在此背景下，利用国外气源补充国内持续上升的天然气需求，上升到了国家战略，中国海外石油公司拉开了外引天然气的序幕。

此时的中国海外石油公司经历 20 世纪 90 年代初"走出去"的历练，为进入中亚地区积累了丰富经验。1997 年，中国海外石油公司首先与哈萨克斯坦开展油气合作。

在哈萨克斯坦，这个盛产郁金香、被称为天马故乡的国家，是陆上丝绸之路从中国向西延伸的第一站。滨里海盆地和南图尔盖盆地为哈萨克斯坦主要的含油气盆地和油气生产基地。

1997 年 5 月，在滨里海盆地东缘阿克纠宾项目的招投标中，中国海外石油公司在与西方石油公司的激烈竞争中获得成功，中标阿克纠宾项目。这是中国在中亚地区获得的第一个油气合作项目（图 2-100）。1997 年以来，阿克纠宾项目油气年产量由 319 万吨上升至 2010 年的 1000 万吨，并实现稳产了 10 年。

图 2-100 阿克纠宾项目钻井现场（中国石油国际勘探开发有限公司提供）

2005 年 10 月 26 日，中国石油成功收购 PK 石油公司，这是当时中国企业走出国门后最大的单笔投资项目和第一个大型上市公司整体并购交易，也是当年全球能源业第二大企业并购案。2005 年 10 月 31 日，《人民日报》以《中石油式收购》为题，报道了这次海外投资活动。

项目团队创新南图尔盖裂谷盆地精细勘探技术和方法，在 PK 项目累计探明石油地质储量超过 2 亿吨，通过勘探发现并新建年产能 160 万吨。自 2006 年开始，连续 6 年保持 1000 万吨产量规模，至 2020 年累计生产原油 11265 万吨、天然气 171 亿立方米。所属油田均位于哈萨克斯坦东部南图尔盖盆地，是距中哈原油管道最近的油区，可为中哈原油管道提供稳定可靠的油源（图 2-101）。

2006 年 6 月，中国海外石油公司与乌兹别克斯坦国家石油公司签署油气勘探合作协议；2007 年 7 月，在北京与土库曼斯坦签署了"中土天然气购销协议"和"土库曼斯坦阿姆河右岸天然气产品分成合同",获得阿姆河右岸天然气合作项目。

图 2-101 哈萨克斯坦 PK 项目油气处理厂（中国石油国际勘探开发有限公司提供）

阿姆河盆地与塔里木盆地同处于煤成气聚集区域，是中亚地区天然气资源最丰富的盆地，也是中亚天然气管道的主力气源区。阿姆河右岸项目位于阿姆河盆地东北部，西南以阿姆河为界，东北以土库曼斯坦和乌兹别克斯坦两国国界为界，面积 1.43 万平方千米。

阿姆河右岸的油气勘探，经过半个世纪的探索，完钻探井、评价井 192 口，发现萨曼杰佩气田和几个零星含气构造，成功率小于 30%。20 世纪 90 年代末，埃克森、壳牌等西方石油公司评价认为，阿姆河右岸斜坡点礁难以形成大型气田、投资风险高、开发难度大，最终放弃了进入该地区钻探。

阿姆河右岸萨曼杰佩气田地质储量 850 亿立方米，1986 年至 1993 年投入开发，最高年产气 33 亿立方米，其他气田还处于预探阶段，远远不能满足项目建设 170 亿立方米年产能、持续稳定向国内供应天然气的资源需求。如何通过勘探快速探明规模天然气储量就成了最为迫切的问题。当时的难题和挑战主要体现在"认不准、看不清、钻不下、采不出"。

项目团队通过科研攻关，破除了"四不"禁锢，实现了萨曼杰佩气田单井产能及气田规模"双翻番"，并针对产层高温、高压、高酸性"三高"特征，研发边底水碳酸盐岩"三高"气藏高效开发技术，实现了气田规模上产。

截至2020年，阿姆河项目累计新发现气田45个，探明和控制天然气地质储量7811亿立方米，建成一期80亿立方米、二期90亿立方米，共计年产170亿立方米产能（图2-102）。

图 2-102　阿姆河第一天然气处理厂（中国石油国际勘探开发有限公司提供）

（四）北极圈上的能源明珠

亚马尔LNG项目位于俄罗斯北极圈西西伯利亚北部亚马尔半岛，是目前在北极地区建成的第一个世界级特大型天然气勘探、开发、处理、液化、运输和销售的上下游一体化项目，被誉为"北极圈上的能源明珠"。

每年冬天，冷空气从西西伯利亚长途奔袭到达欧亚大陆东部，给人的感觉极度寒冷，但地下蕴藏的油气资源却给人类带来了温暖的吸引力。

西西伯利亚盆地为俄罗斯油气储量最大、产量最高的含油气盆地，常规油气资源总量超过 1000 亿吨，位居世界第二位。亚马尔 LNG 项目所属南塔姆贝气田天然气可采储量 1.3 万亿立方米、凝析油可采储量 6018 万吨。

亚马尔 LNG 项目投资超过美国"阿波罗载人登月计划"，所用钢铁可以建造 4.5 个鸟巢体育场，是世界 LNG 工厂的巅峰之作。亚马尔 LNG 项目也成为"一带一路"倡议提出后中国海外企业实施的首个特大型项目。

2013 年 9 月 5 日，中国石油与诺瓦泰克公司签署了亚马尔项目购股协议。2014 年 5 月，中国海油成功中标亚马尔 LNG 项目 EPC 合同。

亚马尔半岛全年约有 9 个月时间是冬季，地上平均气温接近零下 40 摄氏度，最低达零下 52 摄氏度，地下冻土层普遍分布且厚度不一，地质条件非常复杂，这种特殊的气候和地质条件给项目的实施带来了非常大的挑战。

中国石油项目团队创新形成海陆过渡沉积环境复杂气田群协同开发理论与技术，为建成年产 293 亿立方米天然气产能规模提供了有力支撑，为未来稳产 20 年奠定了坚实的基础。

中国海外石油公司承担了亚马尔 LNG 项目全部模块中 85% 模块的建设、全部 36 个核心工艺模板的建造、15 艘 LNG 运输船中 14 艘船的建造和运营，并参与北极钻机制造、海运物流和设备材料研发等，实现了全价值链参与，带动中国制造、中国服务共同"走出去"。

亚马尔 LNG 项目共计有四条生产线，2017 年底第一条生产线投产，

2018年8月第二条生产线投产，2019年初第三条生产线投产，四条生产线全部投产后每年生产LNG 1740万吨、凝析油100万吨（图2-103）。

图2-103　亚马尔LNG项目生产线（中国石油国际勘探开发有限公司提供）

亚马尔LNG项目的成功运营，为中国参与北极航道运行和北极资源开发拓展了道路，有力助推"一带一路"建设实现升级发展，也为中俄两国共建"冰上丝绸之路"、探索发展"冰雪经济"提供了重要抓手。

（五）逐鹿中东高端油气市场

炽热的阳光、广阔的沙漠、蔚蓝的大海、鳞次栉比的高楼大厦、浓郁的阿拉伯风情、繁荣的贸易、丰富的石油资源……这里就是中东。中东地区是陆上丝绸之路与海上丝绸之路贯穿东西的交汇点，在地缘政治和能源输出方面均有着极其重要的战略地位。

中东地区原油可采储量全球占比超过40%、原油产量全球占比超过1/3。巨大的资源优势、较低的开采成本与特殊的地缘政治环境使其成为世界石油巨头必争的高端油气市场，吸引了埃克森美孚、壳牌、道达尔和BP等国际大石油公司群雄逐鹿。在这场角逐中，中国海外石油公司在伊拉克运营的项目成为典范。2008年以来，先后获取了伊拉克艾哈代布油田、鲁迈拉油田和哈法亚油田等规模项目（图2-104和图2-105）。

图2-104　伊拉克艾哈代布油田（中国石油国际勘探开发有限公司提供）

图2-105　伊拉克哈法亚油田（中国石油国际勘探开发有限公司提供）

中东地区海相砂岩及均质碳酸盐岩油藏等经过多年开发，面临采出程度高、含水率持续上升、产量不断降低的严峻形势，地层内的流体高盐、高含硫，极易腐蚀设备。同时，受严格的商务合同和复杂多变的地缘政治等多方制约，油田提速、提产、增效面临的挑战巨大。

通过十多年持续攻关，创新形成巨厚复杂碳酸盐岩油藏高效开发关键技术系列，解决了国际石油巨头久攻不克的世界级难题，实现了中东地区作业产量亿吨级规模的跨越，创造了中东地区的"中国速度"。中东项目被资源国称赞为"速度最快、执行最好的项目"。

在群雄逐鹿的中东高端油气市场，中国海外石油公司依靠自身的技术积淀和创新发展，从"初到新手"快速转变为"行家里手"，赢得了资源国和合作伙伴的信任与尊重，为进一步做大中东油气合作市场奠定了基础。

"中东巨厚复杂碳酸盐岩油藏亿吨级产能工程及高效开发"项目获 2019 年国家科学技术进步奖一等奖。

随着"一带一路"建设与沿线国家和地区发展战略的深度融合和对接，能源合作的深度和广度也得到进一步拓展，中国石油人将持续为全球能源行业的发展贡献中国技术、中国标准、中国方案和中国理念，积极为项目所在资源国和当地人民创造中国价值，推进人类命运共同体建设迈向新高度！

九、千万吨级炼油厂

炼油厂拥有神奇魔法，黑色的石油从管道中输送进去，可以"变幻"出汽油、柴油、润滑油等各种油品。炼油厂又是全球石油巨头技术装备的比武场，年年岁岁进行核心技术的比拼与亮剑。

走过多少岁月流金，历经几多风雨沧桑。1955年，全国只有3座年产10万吨的炼油厂，石油产品无论在数量、质量和品种上，都无法满足国内需求，被外国人讥笑为"小茶壶式炼油"。如今，"小茶壶式炼油"作坊已经蜕变成一座座千万吨级的炼油厂，这个伟大的东方大国正在绘就一幅崭新的石油画卷，展现着无数科技工作者攻雄关、克万难的创新之旅。

截至2020年底，石化人在竞争中交出了一份夺目的答卷：炼油能力增至8.8亿吨/年，已连续17年稳居全球第2位；具有千万吨级炼油规模的企业超过30家，七大石化产业基地已经初具规模。初步形成以中国石化、中国石油两大集团为主，国营、民营及外资企业多种主体参与的百舸争流的多元化市场格局。

（一）"小茶壶式炼油"起步

如果将我国今天的炼油工业比作一个巨人，那么她的成长则是一个从蹒跚学步到闲庭信步，再到今天的昂首阔步大踏步前行的过程。

我国是世界上最早发现和利用石油的国家之一，但炼油工业起步较晚，炼油技术十分落后。1857年8月，全球第一座炼油厂在罗马尼亚诞生，时隔50年后的1907年10月，中国才在延长石油官厂建设了一个炼油房。当时连"厂"都不敢称,炼油技术仅是最简单的蒸馏法。

1949年,全国加工原油仅有11.6万吨,石油产品仅12种,汽油、煤油、柴油产品的年产量仅3.5万吨。当时国内消费的石油产品90%以上依赖进口,"洋油"时代已经延续了半个多世纪。

新中国成立初期,我国的炼油工业分天然原油炼制和人造石油炼制两部分,天然原油炼制只有玉门、延长、独山子(图2-106)、大连4个加工厂;人造石油生产厂主要集中在东北地区。

图2-106 1959年的独山子炼油厂双炉裂化装置(引自《石油老照片》)

党和国家高度重视炼油工业的发展。在国民经济三年恢复时期,首先重点恢复了玉门、独山子、大连、锦西、延长5个炼油厂的生产。但当时中国炼油工业的重头戏是集中在东北地区的人造石油。

所谓人造石油,是用固体(油页岩、煤、油砂等矿物)、液体(焦油)或气体(一氧化碳、氢气)原料加工得到的类似于天然石油的液体燃料,其主要成分为各种烃类,加工方法主要有煤、油页岩或油砂的低温干馏法、煤间接液化法、煤直接液化法等。

从 1931 年到 1945 年,日本侵略者利用东北地区丰富的油页岩资源,先后建立了抚顺炭矿西制油厂、抚顺炭矿东制油厂、煤液化加氢厂等油页岩干馏制油厂。国民经济三年恢复时期,我国重点恢复了东北地区人造石油工业,将 3 个制油厂分别重新命名为石油一厂、石油二厂和石油三厂。同时,抚顺石油研究室、抚顺石油设计院、抚顺炼油厂建设工程公司、抚顺石油学校、抚顺石油机械厂等单位相继成立,使抚顺成为当时全国最大的人造石油基地。1959 年,抚顺生产的页岩油占全国人造石油总产量的 70%。

在石油一厂、石油二厂、石油三厂恢复生产的同时,还在锦州合成燃料厂恢复了技术含量比较高的以水煤气为原料的常压钴催化剂合成制油厂的生产(图 2-107),采用费托法用水煤气合成液体燃料获得成功。该厂被命名为石油六厂。

图 2-107 锦州合成燃料厂水煤气发生炉(引自《石油老照片》)

对锦西煤低温干馏装置进行修复，成立了石油五厂。恢复了东北唯一的加工天然原油的炼油厂，将其命名为石油七厂。后来，又在华南地区建立了年产油页岩油20万吨、配套炼油能力100万吨/年的茂名人造石油基地（图2-108）。在天然石油短缺的年代，人造石油为我国工业发展提供了一定数量的宝贵油品资源。

图2-108　20世纪50年代的茂名石化（引自《石油老照片》）

随着原有人造石油厂的恢复，我国中小型炼油厂建设也在起步。根据国民经济发展和西北地区新油田开发的需要，依靠国内自己的技术与装备，先后在上海、新疆克拉玛依、青海冷湖建成了3个小型炼油厂。

上海炼油厂是中国第一个依靠自己力量设计建设的炼油厂。1949年5月28日，中国人民解放军接管高桥东厂。8月5日上海市军事管制委员会决定投资筹建上海炼油厂。1950年6月1日，上海炼油厂筹备组正式成立。1953年7月，国家石油管理总局决定投资600万元，扩建上海炼油厂。1954年9月，一期工程全面完工投产，一个初具规模的炼油企业出现在上海黄浦江畔。而后，上海炼油厂与其他炼油企业合并重组成立了高桥石化。截至 2020 年，高桥石化已成为千万吨级炼油化工企业，原油加工能力达 1250 万吨 / 年，化工产品生产能力为 50 万吨 / 年，拥有 50 多套生产装置，可生产 130 种牌号的炼油化工产品。

（二）中国炼油工业的"三级跳"

100 万吨、500 万吨，直至炼油规模超过每年千万吨大关，这些看似普通的数字，却代表着石油科技工作者攻坚克难、闯关夺隘、不断前行的非凡荣耀，蕴含中国炼油工业大踏步前行的"三级跳"。

第一跳：攀登 100 万吨级炼油高峰

国家在制定第一个五年计划时，为了改变石油产品依赖进口的局面，解决国内油品供应困难的问题，决定从苏联引进技术和装备，建设一座大型现代化炼油厂。几经论证、勘查，厂址最终落户在甘肃省兰州市西固区，定名为兰州炼油厂。

兰州，是西北军事重镇、丝绸之路要冲、唐蕃古道枢纽，承东启西，联南济北，万里金汤。在这里建设炼油厂，无疑有着极其重要的战略意义。

兰州炼油厂是"一五"期间苏联援建的 156 项重点工程之一，全部生产装置和主要辅助设施都由苏联设计和提供。一期工程设计规模为年加工原油 120 万吨，包括常减压蒸馏、热裂化、移动床催化裂化、气体分馏、苯烃化等 16 套炼油生产装置，以及相应的储运和辅助系统。代表产品有 16 种，如航空汽油、车用汽油、柴油、润滑油等。它基本上体现了当时苏联炼油工业的水平，也是中国首次兴建的生产规模较大、技术水平和自动化程度较高的燃料—润滑油型炼油厂。

1956 年 4 月 29 日，兰州炼油厂正式破土动工。在当时的技术条件下，兰州炼油厂的工程建设困难重重。全部设计单元有100多个,最高的装置构筑物达73米,单体设备中质量最大的有170多吨,各种工艺管道总长86万米,土方工程量200多万立方米。要完成这些工作量,任务是相当艰巨的。广大工程技术人员、工人、干部,以"奋发进取,为国争光的志气;艰苦奋斗,勤俭办厂的传统;严字当头,科学文明的作风;献身石化,爱厂如家的感情",共克时艰,为炼油厂拼搏,谱写了一曲曲壮丽的乐章。

1958年9月,只用了2年零5个月,兰州炼油厂第一期工程就全部建成并进入试运转(图2-109),建设工期比原计划提前15个月,建设投资比国家预算节约5.6%。9月27日,兰州炼油厂党委委派老工人代表刘启盛、贺水友,带着刚刚生产出来的汽油、煤油、柴油和润滑油等6种新油品样品前往北京,向毛泽东主席和党中央报喜,向国庆献礼。闻此喜讯,毛主席专门委派叶剑英和陈赓在中南海接见了他们。叶剑英说,我们空军、海军都需要大量的油料,希望你们炼出更多更好的油品。三天后,两位老工

图2-109 1958年9月,兰州炼油厂一期工程建成(引自《石油老照片》)

人代表登上天安门观礼台，参加了国庆庆典活动。

1959年3月，兰州炼油厂正式投入生产，当年加工原油73万吨。此后，成功生产出了航空汽油、航空煤油、航空润滑油、炼油催化剂、石油添加剂，简称"三航两剂"。由此，我国空军第一次使用上了自己生产的航空油料。

兰州炼油厂的建成投产，标志着中国炼油工业建设和生产进入了新的阶段，炼油水平大幅提升。在这里，不仅研制出了以"三航两剂"为代表的尖端石油产品，还在喷雾蜡脱油、铂铼重整、塔式氧化沥青、多种分子筛催化剂制备等新技术研发方面取得了突破；首次在国内应用同轴式提升管催化裂化新工艺和掺炼减压渣油新技术，使兰州炼油厂主体工艺技术达到或接近当时的国际水平。进入20世纪90年代，兰州炼油厂常年生产120种石化产品，其中14种获国家优质产品金奖、银奖，56种被评为省部级优质产品。

1994年，《人民日报》以《"共和国长子"再展风采》为题，头版头条报道了兰州炼油厂的成长历程、业绩和经验。

第二跳：跨越500万吨级炼油大关

作为中国炼化工业的摇篮，兰州炼油厂的建成投产，带动了中国整个炼油工业的发展。200万吨/年、300万吨/年、400万吨/年炼油厂相继建成，茂名石化是第一个跨越500万吨级炼油大关的炼油厂。

茂名石化本是靠人造石油起家的炼油厂。1955年经国务院批准成立茂名页岩油厂筹建处，1958年开始开采油页岩矿并试产油页岩油，1963年100万吨/年的蒸馏装置建成投产，成为中国西南地区最大的人造石油基地。1963年，茂名石化开始从生产人造油向加工天然原油转变，1974年原油一次加工能力达到500万吨/年。

如果说茂名石化迈入每年500万吨原油加工能力大关是一个奇迹，那么中国自己设计建造单套 500 万吨/年原油加工能力的洛阳炼油厂则更显突出。洛阳炼油厂于 1978 年元旦开始动工兴建。数千名建筑工人和两千多名炼油厂职工一起在这里展开了会战。

几经曲折，洛阳炼油厂于 1984 年 10 月 27 日试运投产。1984 年 11 月 26 日，7 万多吨大庆原油顺利地被炼制成成品油，试运投产一次成功（图 2-110）。

图 2-110　1990 年，洛阳炼油厂首批装满航空煤油产品的列车出厂（引自《百年石油》）

第三跳：向 1000 万吨级炼油规模冲刺

20 世纪末以来，炼油厂大型化、规模化已经是全球炼油工业发展的大趋势。中国的炼油工业也冲向了大型化、规模化炼油厂建设的快车道，产业集中度步步提升。

首先折桂的是茂名石化，1998 年炼油加工能力达到 1350 万吨/年，先后加工过 50 多个国家 155 种原油，生产出 90 多种石油产品，是国内最完善的燃料—润滑油—化工型炼油厂（图 2-111）。

图 2-111 中国第一座千万吨级炼油厂——茂名石化（茂名石化提供）

2020年，中国炼油企业达到240多家，炼油加工能力达到8.8亿吨/年，实际加工6.7亿吨。1000万吨/年及以上规模的炼油厂达30家（图2-112），

图 2-112　2020年中国千万吨级炼油厂分布图

每年合计炼油能力 4 亿多吨,占全国总炼油能力的一半左右。中国石油、中国石化的炼油厂平均规模分别为 765 万吨 / 年和 844 万吨 / 年,已超过 759 万吨 / 年的世界平均水平。

截至 2020 年底,全球超过 2000 万吨规模的炼油厂共 31 家,中国的茂名石化、镇海炼化、惠州炼化、浙江石化、大连石化、恒力石化榜上有名。

(三)大型炼化一体化

20 世纪末以来,全球炼化企业向炼油与石油化工物料互供、能量资源和公用工程共享的一体化、大型化和规模化方向发展,进一步优化了资源配置,提高了油气资源的利用效率,降低了投资和生产成本。与同等规模的炼油企业相比,炼化一体化企业的产品附加值可提高 25%,节省建设投资 10% 以上,降低能耗 15% 左右。

新形势下,中国炼化工业正呈现出一系列新动向和新趋势,控"炼"增"化"成为炼化工业发展方向的常态,炼化工业向基地化、规模化、多元化和技术纵深化的方向发展,多项技术研发成功,并在工业应用中取得了可喜的成绩:"石油重质组分催化裂解(Ⅰ型)制取低碳烯烃工艺及催化剂"获 1995 年国家技术发明奖一等奖,该技术是中国最具世界影响力的炼油技术之一;"大庆减压渣油催化裂化成套技术开发及工业应用"获 2001 年国家技术发明奖一等奖;"高效环保芳烃成套技术开发及应用"获 2015 年国家科学技术进步奖特等奖,使中国芳烃生产成套技术跨入世界先进行列,为化工 PX-PTA 技术路线转型提供了技术支撑。

中国大型炼化一体化建设取得了令世界瞩目的成就。2020 年,中国最大的炼化一体化企业是镇海炼化（图2-113）。该公司拥有2350万吨/年炼油、120万吨/年乙烯、80万吨/年乙二醇、200万吨/年芳烃等11套工艺生产装置，以及相关运输、储运、给排水、供热、供电、电信、环保、生产管理等配套公用工程、辅助工程等约60个子项，与4500万吨/年的深水海运码头、超过330万立方米仓储共同构成了"大炼油、大乙烯、大码头、大仓储"的产业格局，成为世界级炼化一体化标志性企业。

大型裂解炉装置

图2-113　镇海炼化公司大型炼化一体化装置（镇海炼化提供）

2020年新投产的中科炼化公司大型炼化一体化项目采用国内自主研发的先进炼化生产装备技术，国产化率超过95%。其中，炼油关键装置从工艺技术到核心设备完全国产化，达到国内领先、国际先进的水平。该项目建设有1000万吨/年炼油、80万吨/年乙烯项目及相关辅助配套工程，主要生产国Ⅵ汽柴油、航空煤油以及高端化工产品。

"十三五"期间,规划并有序推进了大连长兴岛、上海漕泾、广东惠州、福建古雷、河北曹妃甸、江苏连云港和浙江宁波七大石化产业基地建设(图2-114),使中国炼油行业持续向着装置大型化、炼化一体化、产业集群化方向发展。其中大连长兴岛项目,一期工程为1500万吨/年炼油装置及相应的化工装置,二期将再利用三四年时间建成第二套炼油装置,到2030年,炼化一体化规模将达到4000万吨/年,远景规划6000万吨/年;上海漕泾项目形成2000万吨/年炼油、100万吨/年乙烯及其下游配套加工

图 2-114　中国七大石化产业基地

装置；广东惠州项目在一期 1200 万吨/年炼油装置的基础上，新建 1000 万吨/年炼油、100 万吨/年乙烯装置；福建古雷项目建成 1600 万吨/年炼油、120 万吨/年乙烯及下游 27 套化工装置；河北曹妃甸项目建成千万吨级炼油工程；江苏连云港项目分二期建设总规模为 3200 万吨/年炼化一体化工程；浙江宁波项目完成 1500 万吨/年炼油、120 万吨/年乙烯扩建工程。

在中国炼化一体化项目建设中，民营企业成为建设的主力之一。其中浙江石化 2000 万吨/年炼化一体化项目（一期）于 2019 年建成投产，将形成年产芳烃 520 万吨、乙烯 140 万吨规模产业链。恒力石化 2000 万吨/年炼化一体化项目于 2019 年 5 月全面投产，打造了"原油—芳烃、乙烯—精对苯二甲酸（PTA）、乙二醇—聚酯（PET）—民用丝及工业丝、工程塑料、薄膜—纺织"的完整产业链。

截至 2020 年底，中国大型炼化一体化企业达到 23 家，主要分布在中国东部和南部地区，从技术与规模两方面来说，均处于明显的优势地位。

（四）千万吨级炼油厂成套技术

石油炼化是一个技术高度密集的行业，不掌握核心技术，就没有话语权，就会受制于人。

科学技术是助推炼化行业腾飞的翅膀。长期以来，广大石油科技工作者坚持走中国特色自主创新之路，面向世界科技前沿、面向经济主战场、面向国家重大需求，加快石油炼化领域的科技创新，为中国石油工业的进步作出了突出贡献。

早在 20 世纪 60 年代初，中国炼油战线就开展了为期三年的炼油科学技术大会战。石油工业部炼化专家侯祥麟牵头组织的流化催化裂化、催化重整、延迟焦化、尿素脱蜡,以及炼油催化剂和石油添加剂 5 个方面的工艺技术攻关被誉为"五朵金花"(图 2-115),为中国炼化工业带来了巨大改变。1978 年,该成果获全国科学大会奖。

图 2-115 长开不败的"五朵金花"

随着全球炼化工业的高速发展,炼化行业的高新技术日新月异,变化惊人。特别是千万吨级炼油厂成套技术,已成为中国炼化工业的新亮点。

21 世纪初,中国石化率先向千万吨级炼油厂成套技术国产化目标进军,开发出了单系列大型化炼油技术集成与工业应用技术,以及多项取代进口的关键设备与材料,并在国内石化领域首次提出并运用综合集成型自动化控制系统理念，构建以中心控制室为核心的全厂生产信息管控系统，自动化和信息化达到国际先进水平。2006年，应用该系列技术在海南建成中国第一个单系列800万吨/年炼油厂，工艺技术国产化率达95%，设备国产化率达98%，海南炼化借此成为中国自主开发建设的具有21世纪示范性质的大型现代化炼油厂。

在千万吨级炼油厂建设过程中，中国石油于2009年设立了集团公司重大科技专项，开展了千万吨级大型炼油厂成套技术攻关的"多兵种科技会战"。40多家单位800多名科技尖兵"十年磨一剑"，研发了78项特色关键技术，形成10余套核心装置及配套装置工艺包，攻克了一个个工程设计技术难题，拥有了具有自主知识产权的千万吨级大型炼油厂成套技术，相继在四川石化公司等40余家单位的80余套工业装置上得到应用，标志着中国石油完全具备了千万吨级大型炼油厂总设计和所有主要工艺装置自主设计的能力。

（五）油品升级炼油魂

汽柴油与汽车等交通工具的完美结合，让出行和沟通都更为便捷。但是，汽柴油等燃料中含有较多的硫、芳烃等物质，不仅会损害发动机，还会对空气造成污染。在此情况下，欧盟、美国、日本先后历经5个阶段的油品升级，油品质量从相当于欧Ⅰ标准逐步提升到目前的相当于欧Ⅵ标准，汽柴油的硫、烯烃、苯和芳烃含量均大幅降低。

1999年7月，中国在汽车保有量指数式增加、汽柴油消费量急剧上升的情况下，实现了无铅汽油的生产。此后，又花费十余年的时间，在全国范围内完成了从国Ⅰ到国Ⅵ车用汽油、柴油标准的升级（图2-116）。

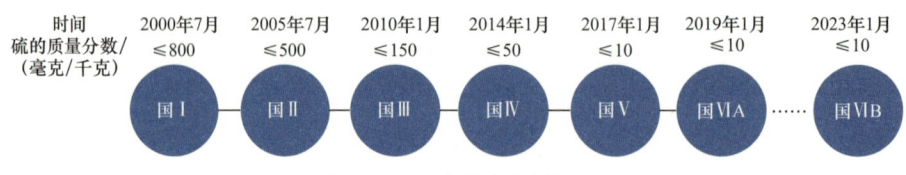

图 2-116　油品升级路线图

十余载风雨兼程，万千人刻苦攻关。与欧美国家相比，中国催化裂化汽油占比达 74%，降烯烃、降硫等技术上难度更大、难点更多。中国炼化科研人员迎难而上，在不断创新的路上，用一个个科技研发成果书写着净化蓝天的交响诗。

烯烃在汽油发动机里极易聚合结垢，并在喷油嘴等部位造成堵塞，影响发动机工作效率，使油料无法充分燃烧，增加了污染物的排放。想要让汽油更加清洁，第一步就是降烯烃。

在中国传统的炼油工业构成中，催化裂化汽油一直占据主要地位。为增强催化裂化装置（FCC）降低烯烃的能力，2002 年，中国石化研究开发了多产异构烷烃的催化裂化工艺技术（MIP），在高桥石化公司工业化应用获得成功。此后，又相继在巴陵石化公司、九江石化公司等装置上扩大应用，均大幅度降低了汽油的烯烃含量。2004 年，该技术获国家科学技术进步奖二等奖。目前，MIP 技术已在中国规模最大的催化裂化装置——惠州炼化 480 万吨 / 年催化裂化装置上取得了较好应用，MIP 技术在中国石化占有 80% 以上市场，在中国石油占有 50% 以上市场。

中国石油在降烯烃方面也成绩卓越。"催化裂化汽油辅助反应器改质降烯烃技术的开发和应用"攻关过程中，在现有常规催化裂化装置上，增设一个专门研制开发的由输送床和湍动床相组合的新型专用辅助反应器，单独对催化裂化汽油进行改质，并开发设计特殊的单独分馏塔对改质油气进行分离，通过采用优化的工艺条件，促进了氢转移、异构化、环化、芳构化等反应，抑制了裂化和缩合反应，在汽油损失小、辛烷值略有增加的前提下，使汽油烯烃含量大幅度降低，促进了从国Ⅱ到国Ⅳ标准的汽柴油质量升级。

降低烯烃之后，还要把硫赶走。汽柴油中如果有硫存在，从尾气中排出后，会对大气质量产生较大影响。2007年，中国石化收购了美国康菲公司开发的一项生产低硫清洁汽油专项技术——S-Zorb技术，经过改造，形成了具有自主知识产权的第二代、第三代Zorb工业装置，研发成功了该装置的核心技术材料——吸附剂，使油品中的硫含量从百万分之一千降到了百万分之十以下，足足降低了99%。目前，在国内已建成31套工业装置，总加工能力超过4000万吨/年，可减少二氧化硫排放量2万吨/年以上。中国石油自主研发的高选择性催化裂化汽油改质工艺技术（GARDES）与催化汽油选择性加氢脱硫（DSD）技术广泛应用于清洁汽油生产，为汽油质量升级到国Ⅵ标准提供了强有力的技术支撑。

2009年，中国清洁油品的升级进入了新阶段，中国石化开发的"石脑油连续重整成套技术"，提出了"依据目标芳烃产物和辛烷值收率最大化原则，进行芳烃型和汽油型装置设计"的理念，并在反应器布置、再生器内网结构、再生循环气脱氯技术、催化剂低碳烧焦、闭锁料斗控制系统及开工技术等方面实现了技术创新。

为了实现连续重整技术的国产化，自20世纪90年代初，中国石化先后组织了"低压组合床重整技术""连续重整成套技术"的开发，并分别在中国石化长岭分公司半再生重整装置改造和中国石化洛阳分公司连续重整装置改造中实现了工业应用。在此基础上,又组织了"石脑油连续重整成套技术的开发与工业应用"的研发,该项技术成果获 2009 年国家科学技术进步奖一等奖。

中国石油在清洁汽油的升级过程中,科研人员攻关不懈,硕果累累。"满足国家第四阶段汽车排放标准的清洁汽油生产成套技术开发与利用技术成果",荣获了 2015 年国家科学技术进步奖二等奖;"满足国Ⅴ/Ⅵ升级的 FCC 汽油关键组分定向分离技术",实现了"深度脱硫、合理控烯、减少辛烷值损失"的清洁汽油生产目的,该成果荣获 2020 年国家技术发明奖二等奖。

图 2-117 "RN-1 加氢精制催化剂及工艺"获国家科学技术进步奖一等奖

清洁油品不只是汽油加工的事,清洁柴油生产技术升级同样重要。中国在国产化大型柴油中压加氢装置和中、深度柴油加氢脱硫、脱芳技术、加氢改质技术方面,均取得了重大进展。其中,中国石化石油化工科学研究院开发的"RN-1 加氢精制催化剂及工艺"获得 1991 年国家科学技术进步奖一等奖(图 2-117);中国石化开发的"MCI 柴油加氢改质新技术及工业应用",获 2001 年国家技术发明奖二等奖;中国石化石油化工科学研究院等单位完成的"活性相定向构建及复杂反应分级强化的柴油高效清洁化关键技术"获 2019 年国家技术发明奖二等奖。

中国汽柴油升级为环境保护作出了巨大贡献:国Ⅵ车用柴油多环芳烃

含量降至 7%，国Ⅵ汽油苯含量、芳烃含量和烯烃含量分别降至 0.8%、35%、18%。汽油车尾气颗粒物排放量可降低 10%，氮氧化物和有机废气排放量可降低 8%～12%；柴油车氮氧化物排放量可降低 4.6%，颗粒物排放量下降 9.1%。汽柴油主要杂质——硫的质量分数已经达到了小于 10 毫克/千克的国际先进水平，完成了从低硫向超低硫或无硫汽柴油的转变。

十、百万吨级乙烯

乙烯是世界上产量最大的化学产品之一，被称为"石化之母"，是石油化工的基础性原料。经过各种化学变化，可以"繁衍"出塑料、化纤、树脂、化妆品、橡胶、医药、染料、香料等种类繁多的化学制品。由乙烯衍生的产品占石化产品的 75% 以上，在国民经济中占有重要地位。

乙烯科普公益视频

乙烯工业是石油化工产业的核心。许多石化企业就是以乙烯生产为核心，配套各种加工装置的联合企业（图 2-118），乙烯生产的技术水平和产业规模在一定程度上决定着企业的未来。因此，乙烯装置在石化企业中成为关系全局的核心。世界上已将乙烯产量作为衡量一个国家石油化工发展水平的重要标志之一。

图 2-118　大庆石化 120 万吨／年乙烯及下游生产联合装置（大庆石化提供）

新中国成立以来，国家克服重重困难，破除层层技术壁垒，乙烯工业取得了突飞猛进的发展，从无到有，从小到大，产业链覆盖范围越发广泛，下游衍生品越来越多，为人们的生活提供了更多的便利。

（一）揭开乙烯的面纱

在常温下，乙烯是一种无色、无味、易燃的气体，由 2 个碳原子和 4 个氢原子组成，是最简单的烯烃。

化学性质十分活泼的乙烯，遇到其他化合物，很容易"摇身一变"，成为新的"化身"。在一定条件下它与水反应，就会变成酒精。如果许多个乙烯分子"手拉手"地连接在一起，在一定的温度和压力及催化剂存在的情况下，就会聚合起来变成聚乙烯。用聚乙烯做的塑料管不怕酸碱的腐蚀，又能任意弯曲，很多情况下，比用金属管要方便得多。聚乙烯是个大分子，在单个聚乙烯分子里，有 2000 多个碳原子，这个分子像是一条又长又窄的长线。聚乙烯液体经过喷丝头喷出，边喷丝边冷却，就成了聚乙烯纤维。乙烯和丙烯共同聚合，可以生成一种具有橡胶性质的聚合物，叫作乙丙橡胶。乙烯得到银的"帮助"，能与氧反应生成环氧乙烷，再加水反应，又变成乙二醇，它是制造"的确良"的原料，也可制造防冻剂。

乙烯是石油化工产品的龙头，其衍生物广泛应用于工业、农业、医学和国防等多个领域。在工业领域，它是生产塑料、合成纤维、合成橡胶三大合成材料的基本化工原料（图 2-119）；在农业领域，它是植物的重要激素，能够把果实催熟，促进叶片老化，诱导不定根和根毛发生，打破植物种子和芽的休眠，抑制多种植物开花；在医学领域，它可以制造医疗用品、医疗器械等（图 2-120）。

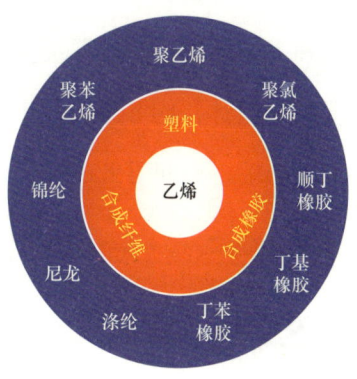

图 2-119　以乙烯为原料的化工产品

图 2-120 乙烯产品应用领域

在炼化工厂，乙烯装置除了生产乙烯之外，还副产大量的丙烯、丁二烯、苯、甲苯和二甲苯，成为石油化工基础原料的主要来源。世界上约 70% 的丙烯、90% 的丁二烯、30% 的芳烃都是和乙烯携手来到这个世界上的。以"三烯"（乙烯、丙烯、丁二烯）、"三苯"（苯、甲苯和二甲苯）总量计，约 65% 来自乙烯装置。因此，化工厂的乙烯装置并不仅仅生产乙烯，石油工业的"大乙烯"家族也不仅仅是乙烯，而是"三烯"和"三苯"。

"三烯"与其他分子聚合在一起，小分子成为大分子，可以形成新的产品。典型的有五种：聚乙烯、聚丙烯（图 2-121）、聚苯乙烯、聚氯乙烯、聚对苯二甲酸乙二醇酯。口罩最核心的材料是熔喷布，熔喷布以聚丙烯为主要原料。

口罩科普公益视频

图 2-121　常见聚丙烯产品

（二）CBL 炉：乙烯生产的"炼丹炉"

乙烯出生在石油烃蒸汽裂解炉中，这个裂解炉就像《西游记》里太上老君的炼丹炉，乙烯就像是从炼丹炉里逃出来的孙悟空，有七十二般变化，神通广大。这种"炼丹炉"就是以石脑油、液化气等为原料，以生产高纯度乙烯和丙烯为主，同时副产多种石油化工原料的反应装置。

所谓裂解，是指石油烃受热分解生成相对小的不同分子产品的过程。由原油炼制得到的石脑油，通过高温蒸汽裂解来生产乙烯，是乙烯生产的主流工艺，约占乙烯总产能的 80%。

生产乙烯的"炼丹炉"是石油化工的核心装置。裂解炉的技术水平，可以反映一个国家乙烯生产的水平。

1921 年，美国发明石油烃高温裂解制乙烯技术，从而拉开了世界乙烯工业的序幕，但是直到 20 世纪 60 年代，以乙烯为代表的石化工业才开始大步前进。

中国裂解制乙烯技术的发展从单套年产能力为 2 万吨、4 万吨、6 万吨、10 万吨，一直到 20 万吨，这一串裂解炉乙烯年产能跃升的数字，连接出一条中国乙烯生产装置所走过的道路。

1988 年 10 月，在中国石油化工总公司组织下，由北京石油化工工程公司、北京化工研究院与辽阳石油化纤公司等单位联袂研制建成了年产 2

图 2-122 年产 2 万吨乙烯的 CBL-Ⅰ型裂解炉（引自《石油精神》）

万吨乙烯的新型裂解炉——CBL-Ⅰ型炉（图 2-122）。该炉经过长时间运行考验与测试，主要技术指标达到 20 世纪 80 年代世界工业裂解炉的先进水平，其设备国产化率达 97%。它的建成标志着中国裂解制乙烯技术取得了新的突破。

CBL-Ⅰ型炉被称为工业试验炉，迈出了中国乙烯裂解炉国产化的第一步。它的研制成功，打破了乙烯裂解炉技术一直由国外专利商垄断的局面，为国家节约了大量采购成本。

CBL-Ⅰ炉于 1991 年获国家重大技术装备表彰项目特等奖和国家"七五"科技攻关重大科技成果奖。

此后，CBL-Ⅱ、CBL-Ⅲ等裂解炉相继问世，年产规模不断攀升，总体技术经济指标达到国际先进水平，部分达到国际领先水平。

2016 年 6 月，我国具有完全自主知识产权的 20 万吨/年气体裂解炉在镇海炼化建成（图 2-123）。这台气体裂解炉的建成投产，不仅使乙烯装置产能提升

图 2-123 镇海炼化 20 万吨/年气体裂解炉（镇海炼化提供）

10%,而且原料优化空间更大、手段更加灵活。该气体裂解炉采用中国石化自有 CBL 裂解炉技术,具有规模最大、气液通吃、双炉膛构造、技术环保四大创新亮点,标志着中国大乙烯自主创新成套技术含金量再提升,为炼化技术国家新名片再添新亮点。

单套年产能力从 2 万吨到 20 万吨,体量剧增的裂解炉已经有足够的能力去支撑整套乙烯装置年产能跃升至百万吨。更重要的是,和国外裂解炉相比,它还有一个"好胃口",且不"挑食",科技人员研发的复杂原料裂解技术,让裂解炉对气、液原料实现了"通吃"。

(三)百万吨级乙烯成套技术

一套百万吨级乙烯装置占地约 9 万平方米,管线连接起来达 200 多千米,装置由近千台设备构成,每台设备最多可受数十个关键工艺参数影响。这些参数又相互关联,一个参数的变化,都可能直接影响产品的质量。要想攻克大型乙烯装置成套技术,难度胜似九天揽月。

大型乙烯装置工业化成套技术

困难再大也难不倒石化人。中国石油化工战线打响了攻克大型乙烯装置成套技术的攻坚战。从百万吨级乙烯分离工艺包到大型裂解炉装备和相关设计技术的开发,从石油烃裂解产物预测系统(HCPC)到大型乙烯工程关键技术的开发,以及乙烯装置配套催化剂的研制,科技工作者们一直孜孜以求,奋力前行。

2004 年,中国第一个采用自主创新裂解炉技术的大型乙烯项目——茂名乙烯改扩建工程正式奠基。工程的龙头是裂解装置,510 台中有 448 台由国内制造,国产化率达到 87.8%,从而揭开了中国乙烯向百万吨级进军的序幕。

2008年，为扭转核心技术一直被西方把持的被动局面，中国石油设立了"大型乙烯装置工业化成套技术开发"重大科技专项，由中国寰球工程有限公司牵头负责成立"乙烯技术攻关团队"，集中各相关专业优势技术力量，开始了乙烯成套技术的攻关。这套技术在大庆石化120万吨/年乙烯改扩建工程中获得应用，于2012年10月5日开车成功，生产出合格的乙烯产品，宣告历经五载集中攻关、半个世纪翘首企盼的大型乙烯装置工业化成套技术开发圆满收官，使中国成为世界上第四个掌握乙烯成套生产技术的国家。截至2019年，该成套技术已在12套装置中得到应用，合计乙烯产能973万吨/年。

百万吨级乙烯成套技术，需要众多的石化重器作为支撑才能落地。由裂解气压缩机、丙烯压缩机、乙烯压缩机组成的乙烯装置用压缩机组就是不可缺少的装备之一。2018年12月10日，中国机械工业联合会、中国通用机械工业协会在广东惠州组织召开产品鉴定会，一致认为沈阳鼓风机集团股份有限公司（简称沈鼓集团）研制的120万吨/年乙烯装置用压缩机组（图2-124）

图2-124 沈鼓集团研制的120万吨/年乙烯装置用压缩机组
（中海壳牌提供）

填补了国内空白。机组整体性能达到国际同类产品先进水平,其中机组工况适应能力、操作性能等居国际领先水平。机组应用后已经取得了显著的经济效益和社会效益,对中国实现更大规模乙烯装置大型压缩机组国产化具有重要的意义,标志着中国再次攻克了一项百万吨级大型乙烯装置关键设备的核心技术。

(四)中国乙烯的"四个之最"

中国最早的乙烯装置是一套苏联援建的裂解装置,于1962年元旦在兰化公司合成橡胶厂建成投产,标志着中国乙烯工业正式诞生(图2-125)。这套以炼厂气为原料的年产5000吨的乙烯装置,生产出了国内第一批合格的乙烯。在管式炉乙烯装置工程基础建设完成后不久,苏联撤走了专家

图2-125 兰化公司合成橡胶厂的管式炉乙烯装置(引自《石化魂》)

队伍，使装置建设面临着巨大困难。在资料不全、经验不足的情况下，工程技术人员千方百计想办法，反复进行试验，历经多次失败之后，1961年12月31日，年产5000吨乙烯的管式炉装置在兰化公司合成橡胶厂建成投产，取代了用粮食酒精脱水制乙烯工艺，生产出了中国历史上第一批合格工业乙烯。这套装置用兰州炼油厂干气生产乙烯产品，意味着每年可节约粮食0.61万吨。在当时粮食奇缺的情况下，这是一个了不起的贡献。兰化公司人的努力在中国石化工业的发展历程中树立了一座耀眼的里程碑，兰化公司也被称为新中国"石油化工的摇篮"。

中国最大的单套乙烯装置由位于大连长兴岛临港工业区内的恒力石化建成，年产150万吨乙烯。该装置裂解气机组汽轮机额定功率达9万千瓦，最大设计容量10万千瓦，是目前全球功率最大的驱动用工业汽轮机（图2-126）。该机组试车成功，标志着当今世界最大的驱动用工业汽轮机的诞生，国内驱动用工业汽轮机的设计制造水平首次占据全球的制高点，达到国际顶尖水平。

图2-126 世界最大驱动用工业汽轮机（恒力石化提供）

中国最早的百万吨级乙烯生产基地首先落地于南海之滨的茂名石化。茂名石化100万吨/年乙烯通过两期建成：一期30万吨/年乙烯工程于1996年8月建成投产，1999年2月经过改造，乙烯生产能力扩大到36万吨/年；二期64万吨/年乙烯改扩建工程，是中国大型乙烯国产化工艺技术在国内的首次工业化应用，主要装置设备国产化率达到87.8%，2006年9月17日投产后，茂名石化乙烯生产能力达100万吨/年，最大单台裂解炉能力为11万吨/年。截至2020年底，茂名石化乙烯厂每年可向市场提供化工产品200多种，累计向国际国内制造企业和汽车、家电、日化行业供应化工产品3200多万吨，生产规模、工艺技术和管理水平处于国内领先水平，被所罗门公司评价为中国最有望与国外强企抗衡的化工企业之一。

中国最大的乙烯生产基地位于广东省惠州市大亚湾，是中海壳牌石油化工有限公司建设起来的化工基地（图2-127）。2017年11月，在一期项目基础上，中海壳牌化工二期项目以120万吨/年乙烯为龙头的11套生产装置相继竣工，目前已投产。三期为150万吨/年乙烯项目。

图2-127　大亚湾乙烯生产基地（中海壳牌提供）

(五)跻身全球乙烯生产大国

乙烯装置是石油化工生产有机原料的基础,是石油化工的龙头。它的规模、产量、技术,标志着一个国家石油化学工业的水平。

乙烯生产装置起源于 1940 年,美孚公司建成了世界第一套以炼厂气为原料的乙烯生产装置,开创了以乙烯装置为中心的石油化工历史。

中华人民共和国成立后,中国的乙烯生产从零起步,经历了艰难的发展历程。

1961 年,兰化公司 5000 吨/年乙烯装置建成投产,标志着中国乙烯工业的诞生。

1988 年,建成第一台国产 2 万吨/年裂解炉,在辽阳石油化纤公司化工一厂投产。

2004 年,中国第一个采用自主创新裂解炉技术的大乙烯项目——茂名乙烯改扩建工程正式奠基。

2012 年 10 月,大庆石化 120 万吨/年乙烯改扩建工程建成投产,中国第一个采用具有自主知识产权的大型乙烯装置工业化成套技术建成的百万吨级乙烯生产基地落成。

此后,大连石化、镇海炼化、抚顺石化、四川石化等相继迈入百万吨级乙烯的行列,为乙烯大国的崛起各自奉献着不同的亮色。

截至 2020 年底,中国百万吨级乙烯生产基地已有 14 个。

乙烯生产规模的扩大,直接促进了乙烯产量的上升。中国乙烯产量从 1960 年仅有 0.07 万吨,到 1988 年突破 100 万吨,用了 28 年;但从 100 万吨至 2007 年突破 1000 万吨,仅用了 19 年;从 1000 万吨至 2017 年突破 1800 万吨，只用了 10 年。

2020 年底，中国的乙烯产能达到了 3518 万吨，约占全球乙烯产量的 17.86%，成为全球乙烯产量增长最快的国家，已连续 10 余年位列全球乙烯生产国第二位。中国已成为名副其实的全球乙烯生产大国和强国（表 2-1）。

表 2-1　以乙烯为龙头的中国石化工业产量表

乙烯			合成树脂与塑料			合成橡胶			合成纤维		
年份	产量/万吨	世界排位	年份	产量/万吨	世界排位	年份	产量/万吨	世界排位	年份	产量/万吨	世界排位
1960	0.07		1952	0.2		1978	10.19		1962	0.04	
1970	1.51		1957	1.3		2000	79	第五位	1978	16.93	
1978	38.03	第十五位	1962	4	第十五位	2002	99.8	第四位	1998	510	第二位
1983	65.37		1970	17.6		2005	133	第二位	1999	540.84	第一位
2007	1027.8	第二位	1978	67.9		2010	241	第一位	2003	1040.4	第一位
2010	1421	第二位	2004	1791	第二位	2017	356	第一位	2010	2853	第一位
2018	1845	第二位	2012	5330.9	第一位	2018	700.8	第一位	2017	4919.6	第一位
2019	2058	第二位	2017	8558	第一位	2019	733.8	第一位	2019	5432.7	第一位

十一、西气东输

2000年10月，西部大开发战略作为一项重大国策开始在我国实施。在具有标志性意义的西部大开发四大工程之中，最早明确项目、明确投资的工程就是西气东输。这项工程和南水北调、青藏铁路、西电东送一起，被称为"改写中国经济区域版图的四大工程"。

管道运输被称作继铁路、公路、水路和航空四大运输业之后的第五运输业，具有运量大、成本低、连续性强、安全可靠等特点。作为中国第五运输业的鸿篇巨制，西气东输工程为我国石油天然气管道建设领域的科技创新提供了一个宏大的舞台。管材以及压缩机组等关键设备的国产化不断取得新的突破，最终成就了一条我国油气管道建设史上堪称世纪奇迹的"能源大动脉"。图2-128为2020年全国油气主干管网示意图。

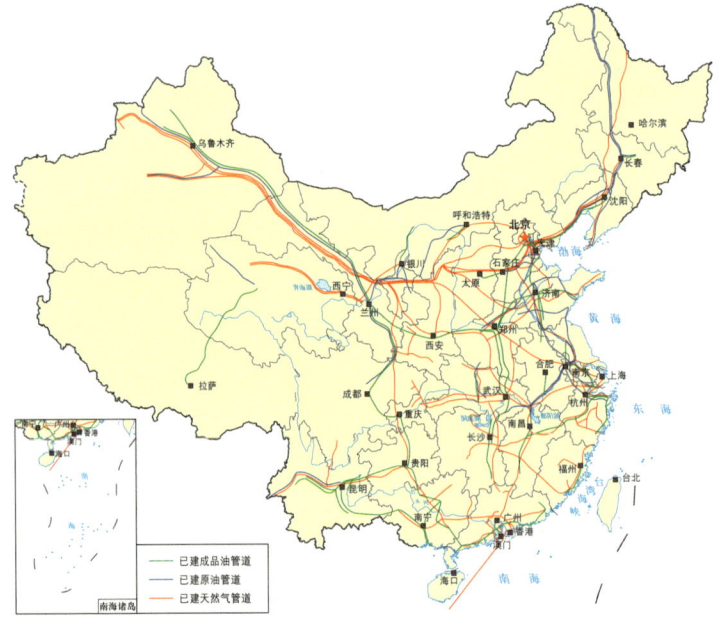

图2-128 2020年全国油气主干管网示意图

随着西气东输二线、三线的建成投产,西气东输管网横亘西东、纵穿南北,连接"一带一路"、通达城市乡村,这条气贯神州的能源"巨龙",为万户千家带去光明与温暖,并为伟大的祖国开启了一个前所未有的天然气时代,堪称我国油气管道工业史上一座光辉耀眼的里程碑。西气东输建设和运营过程中,积累了经验,锻炼了队伍,出标准、出模板、出模式,对国家油气管网的形成作出了重大贡献。

(一)西气东输的缘起

1997年,中国石油向国务院领导汇报了将西部天然气输往上海的设想,得到国务院的支持。不久,国家关于西气东输开发利用和可行性战略研究启动,先后完成了"中国天然气开发利用战略研究""中国西部天然气开发利用研究""从俄罗斯及中亚地区进口天然气研究"等长远性研究课题。

1998年,在塔里木盆地找到的天然气储量达到5000亿立方米,证实这里是一个特大气区。但是,在塔里木盆地天然气勘探连连报喜之际,中国却处在一个"有气无市场,有市场无气"的断层期。

"有气无市场"指西部有着丰富的天然气资源,但输不出去;"有市场无气"指东部大发展急需天然气,但没有天然气资源。

优质而丰富的资源,只有采出来、引出来、用起来,才有经济价值和社会效益。西气东输的战略研究,被石油界和国家的有志之士提上了议事日程。

1998年8月29日,中国石油天然气集团公司向国家计委上报《关于开展天然气西气东输建设项目预可行性研究的请示》(简称《请示》)。10 月 3 日,国家计委对《请示》予以批复同意。2000 年 2 月 14 日,国务院召开会议,专门听取国家计委和中国石油关于西气东输工程资源、市场及技术、经济可行性方案汇报,并批准启动西气东输建设项目。

2000 年 3 月 25 日,国家计委在北京召开西气东输工程第一次工作会议,宣布了由国务院批准的西气东输工程建设领导小组成员名单,国家计委副主任张国宝担任领导小组组长,西气东输管道工程建设就此拉开了序幕。

2000 年 5 月,专家们完成并上报了可研报告。7 月 1 日,西气东输管道工程可行性研究正式启动。8 月 23 日,国务院第七十六次会议同意西气东输管道工程项目立项。9 月 14 日,国家计委批准西气东输管道工程项目。12 月 12 日,国务院第十七次总理办公会批准研究报告,西气东输工程正式落地。

图 2-129 为西气东输首站——轮南站。

图 2-129 西气东输首站——轮南站(塔里木油田提供)

（二）"五个之最"与多个"第一次"

西气东输工程建设项目纵横大半个中国，像一条巨龙，逶迤在祖国的大地上。这个前所未有的巨大工程创造了当时中国管道建设史上的"五个之最"。

距离最长。东西横贯新疆、甘肃、宁夏、陕西、山西、河南、安徽、江苏、浙江及上海10个省（自治区、直辖市），干线全长近4000千米，供气范围覆盖中原、华东、长江三角洲地区。西气东输管道建设为中国管道建设史上绝无仅有的壮举，因而被称为国家"能源大动脉"（图2-130）。

图 2-130　西气东输大动脉核心枢纽——银川中卫站（引自石油百科图库）

投资最大。管道输气规模设计为每年120亿立方米，项目第一期投资预算为1200亿元，上游气田开发、主干管道铺设和城市管网总投资超过3000亿元。

工作量最大。仅西一线，干线挖填土石方量就达3000余万立方米，与建造长城的土石方量相等，相当于堆砌一道一米见方的墙环绕地球一周。

施工条件最复杂。管道要途经沙漠、戈壁、高原、山地、丘陵、平原、水网等，要跨过三大高原、四大平原，以及江南水网地区，还要克服山体岩石坚硬、黄土土质疏松、冬季冻土层厚等难题，其复杂程度不仅是中国管道建设之最，而且是世界管道建设之最（图 2-131 和图 2-132）。

图 2-131　西气东输工程沙漠施工现场（引自《西气东输工程掠影》）

图 2-132　西气东输工程无人区施工现场（引自《西气东输工程掠影》）

技术标准要求最高。作为百年大计工程，要求全线采用自动化控制、卫星遥感选线、10兆帕高压输送、全自动焊接、全自动超声波检测，采用尖端技术施工。其中要求焊接1000千米管道，一次合格率要超过98%。建设这么高难度的工程，中国天然气管道建设队伍没有经验，世界天然气管道建设史上也没有先例。

2002年7月4日，西气东输工程开工典礼仪式在北京隆重举行，吹响了西气东输工程建设的集结号。

八千里路云和月，风餐露宿显本色。石油管道建设大军挥师天山、鏖兵河西、破险陕晋、逐鹿豫皖、水战江南，书写着石油人不辞劳苦，为国家倾心奉献能源的豪情壮志。

在浩瀚无垠的大沙漠，在茫茫无涯的戈壁滩，在崇山峻岭之间，在川流不息的江河上，在朔风怒号的冬日里，在烈日炎炎的阳光下，建设者们面对风沙，跋山涉水，英勇奋战，顽强拼搏，展开了气壮山河的管道建设大会战。

"三山一塬"（太行山、太岳山、吕梁山和湿陷性黄土塬），洞壁而行（图2-133）；"三河一网"（黄河、长江、淮河和江南水网），穿越而过。要让这条气龙穿江过河、跃岭翻山，关键靠科学技术驾驭它。西气东输工程的建设过程，是中国管道建设科技攻关的集中体现。组织了多家管道专业设计院、数十家科研院所、上千名科技人员，先后开展了700多项技术攻关，填补了30多项国内技术空白。

西气东输是国内自行设计、建设的第一条世界级管道工程，创造了多个

图 2-133 "三山一塬"施工现场（引自《西气东输工程掠影》）

国内天然气管道建设的纪录，第一次采用了 10 兆帕高压输送、1016 毫米管径、X70 高钢级管道、30 兆瓦压缩机组；第一次采用内涂减阻、优化的压缩机组增压系统、干空气干燥工艺；第一次在长江和黄河上完成长距离、高难度、大口径的盾构、顶管及定向钻穿越；第一次在天然气管道上推广应用卫星遥感选线技术和先进的自动化控制系统……

科技创新使西气东输管道建设水平大幅度提升：单机组全自动连续焊接 2092 道焊口，一次合格率达 100%；穿跨越大型河流 14 次、中型河流 40 次、铁路 35 次、公路 421 次，次次成功；在国内首次运用泥水平衡盾构技术和盾构组合刀具，建成了长江第一条盾构隧道。

2004 年 10 月 1 日，西气东输全线建成投产，源源不断地向上海供气，12 月 30 日实现全线商业运营。这项举世瞩目的工程，因其高超的科学技术和对中国能源结构、民生建设作出的杰出贡献，荣获了国家科学技术进步奖一等奖和新中国成立60周年100项经典暨精品工程（图2-134）。

图2-134 中国石油西气东输管道工程获新中国成立60周年100项经典暨精品工程

（三）国钢精魂——X70级钢管

西气东输工程建设，首先遇到的难题是当时选用的管道钢材在国内还不能自主生产。

油气管道特别是天然气管道要实现高压输送工艺，需要采用大口径高压管材以提高输送效率。像西气东输这样的百年大计工程，国际上一般采用X70级管线钢为主，输送压力10兆帕以上。而当时中国没有X70级钢管，无法满足10兆帕输送压力的要求。

这项工程需用钢材达174万吨，制成的钢管如果用火车装运，需要8万节车厢。这些钢材完全靠进口，造价太昂贵了。怎么办？自己研发！围绕材料应用基础研究、管材技术条件、材料性能安全、材料综合评价等方面，展开了中国X70钢的联合攻关会战。

天然气输送钢管的研发，是众多科技力量集大成之作，从钢板的研制、钢管的成型，到外防腐和减阻内涂层技术，缺一不可。

功夫不负有心人，经过100多天的艰难攻关，华北制管厂创造了管材研发史上的"六个第一"，填补了"四项空白"：国内第一家生产世界级先进水平西气东输技术标准钢管的厂家，填补了高标准大口径螺旋钢管生产的空白；国内第一家具备西气东输钢管批量防腐能力的厂家，填补了国内大口径钢管外防腐技术的空白；国内唯一一条主要设备全部国产化的钢管减阻内涂层生产线，填补了国内大口径钢管减阻内涂层技术的空白；国内第一家将西气东输钢管如期运到新疆施工现场的厂家；西气东输用管综合评价总分第一；建成了国内第一条JCOE直缝焊管生产线，填补了国内生产油气输送管道用X70大口径直缝埋弧焊管的空白。想当初，没有国产X70钢管时，国外对进口管线钢报价最高每吨800美元；有了X70钢管，相应报价降低到300~400美元。核心技术就是经济效益，在这里得到了最好的验证。

2002年7月，陕西子长县遭遇了历史上最严重的一次洪水袭击，秀延河水位迅速上升。洪水漫出河床，冲上两岸的街道和村庄。秀延河边正在施工的西一线一处管道被洪水冲弯成了直角，但却没有开裂。在场的一位美国监理不由得赞叹说："你们西气东输工程的管子，真是好样的！"美国监理称赞的就是中国的X70级钢管。图2-135为钢管对接施工现场。

西气东输一线使用的钢管，总长度约4200千米，进口钢管1860千米，其余使用国产钢管，超过了总量的一半。X70钢的研发成功和投用，不仅为国家节约了大量外汇，而且大长了中国人民的志气，成为"国钢精魂"。

图 2-135 钢管对接施工（引自《西气东输工程掠影》）

（四）西气东输家族"开枝散叶"

西气东输工程后来被称为"西一线"，加大、加快输送西部的天然气，成为必然。当时，西一线年输气能力每年只有 120 亿立方米，远远适应不了东南部地区日益增长的用气需求。

西气东输二线工程是西气东输系列中的第二个工程，也是中国首条引进境外天然气资源的大型战略通道工程，主气源为中亚进口天然气，同时调剂塔里木盆地和鄂尔多斯盆地的国产天然气。工程主要目标市场是西一线工程未覆盖的华南地区，并通过支干线兼顾华北地区和华东地区。工程包括一条干线和八条支干线。

西二线工程西起新疆霍尔果斯口岸，南至香港，途经新疆、甘肃、宁夏、陕西、河南、湖北、江西、湖南、广东、广西等 15 个省（自治区、直辖市）192 个县。西二线工程全长 8704 千米，设计年输气能力 300 亿立方米。

西二线开工仪式于 2008 年 2 月 22 日在北京人民大会堂举行，并在新疆鄯善、甘肃武威、宁夏吴忠、陕西定边 4 个开工现场同时开工。西段于 2009 年 12 月 31 日建成投产，东段于 2011 年 6 月 30 日建成投产。2012 年 12 月 30 日，一条干线和八条支干线全部建成投产。

西二线的工程建设全线升级使用 X80 级钢管（图 2-136 和图 2-137），共使用国产 X80 钢 434 万吨，国产化率超过了 90%，是过去 20 年全世界 X80 钢总用量的 2.5 倍。X80 级钢管的研发应用，使中国的管材钢级制造技术又提高了一个层级。中国管道从 X60 走到 X70，用了 20 年；从 X70 走到 X80，只用了 3 年。

图 2-136　X80 螺旋埋弧焊管
（引自石油百科图库）

西气东输三线工程是继西气东输二线之后，中国第二条引进境外天然气资源的陆上通道，主供气源为中亚土库曼斯坦、乌兹别克斯坦、哈萨克斯坦三国的天然气，补充气源为新疆煤制天然气。工程主要包括一条干线、五条支干线和三条支线。干线西起新疆霍尔果斯口岸，东至福建省福州市，全长 7378 千米，途经新疆、甘肃、宁夏、陕西、河南、湖北、湖南、江西、福建和广东共 10 个省（自治区），设计年输气量 300 亿立方米。其中，新增

图2-137 X80 直缝埋弧焊管（引自石油百科图库）

年进口中亚天然气250亿立方米，塔里木年增产气和新疆年煤制天然气50亿立方米。

西三线于2012年10月16日开工建设，2014年8月25日建成投产。建设过程中，大规模应用了国产化电驱/燃驱压缩机组、大口径干线截断球阀、600千米机械喷涂液体聚氨酯补口等一系列新技术，大大提高了工程建设水平。

西气东输四线工程是国家天然气发展规划的重点项目。西四线起于新疆乌恰，经甘肃河西走廊，止于宁夏中卫，线路全长3123千米，其中甘肃境内1045千米，经过嘉峪关、酒泉、张掖、金昌、武威、白银6市12县（区），基本与在役的西二线、西三线管道并行。管道口径为1422毫米，设计压力12兆帕，最大年输气能力400亿立方米。管线投产后，中国从中亚进口天然气的输气能力将从每年550亿立方米提升到850亿立方米，成为中亚地区规模最大的输气系统。

整个西气东输工程预算超过3000亿人民币，主干线和各支线、联络线，陆地总里程达 1.8 万千米。按照 2020 年中国天然气消费已达到 3200 亿立方米计算，西气东输工程可满足国内超过 20% 的天然气需求，经济效益和社会效益十分显著。

西气东输工程像巨大的血管，向华夏大地源源不断地输送着新鲜血液，为中国的经济发展提供着动能。近 20 年的运营实践证明，西气东输工程不仅可以造福西部各族人民，也促进了沿线地区产业结构和能源结构调整，对经济建设、环境保护都产生了巨大的影响。这是一项为国争气的能源工程，更是一项为民送福的民生工程。

十二、地下储气库

地下储气库是将天然气重新注入地下空间而形成的一种人工气田或气藏。主要有油气藏、含水层、盐穴、废弃矿坑等四种类型，具有储存量大、经济性好、安全风险低等特点。相国寺储气库就是典型的气藏型地下储气库（图 2-138）。

图 2-138　中国花园式储气库——相国寺储气库（西南油气田提供）

地下储气库被人形象地称为"天然气粮仓"，夏天丰收时存起来，冬天需要时开仓提取。但与一般的粮仓不同，它对仓库空间的大小、存取"粮食"的速度、密封性能等要求要高很多，需要储气库专家们在地下找到"天生丽质"的构造，确保"粮仓"的储存空间大、气质优良、密封性好、孔渗条件好，才能保障里面的"粮食"充足、安全、稳定。

到了用气高峰之时，通过采集、脱水、增压、降温、去除杂质等多道工序，将"粮仓"里的天然气变成"温顺"而又"充实"的"出库之气"及时输送，让厂矿企业正常运营，让千家万户百姓温暖过冬。由于气藏型地下储气库储气规模大、成本低，是世界上最主要的储气方式。

经过20余年的发展，截至2020年，中国有27座储气库建成并投入调峰运行，形成130亿立方米的年调峰能力，最高日调峰能力超过1.4亿立方米，惠及10个省（自治区、直辖市）4亿人口，为城镇燃气调峰发挥了主体作用。如北京冬季调峰供气主要依赖地下储气库，40%～50%的用气量来自地下储气库。地下储气库为各地区安全供气作出了重大贡献。

储为国计，备为民生，气润神州的传奇背后，是中国地下储气库设计建设者在勇于创新、追求超越的争气精神指引下的负重前行。经过20余年努力，中国储气库实现了从无到有、从小到大、从简单到复杂、从小规模应用到大规模产业形成的转变。用20年的时间，走过了欧美国家50年的发展历程，开拓了复杂地质条件下储气库技术创新之路，结束了我国有气无库的历史。

（一）中国首座商业储气库——大张坨储气库

早在1915年，加拿大就开始使用地下储气库。美国是天然气生产和消费大国，在天然气储备方面也走在了前面。据2020年统计，美国有近400座储气库，总工作气量达到1361亿立方米。

中国储气库建设起步较晚。20世纪90年代，随着陕甘宁靖边气田的发现，快速、高效地开发利用天然气的难题摆在了石油建设者面前。将陕甘宁天然气输往北京，保障首都安全稳定供气成为当务之急。经过研讨，建设地下储气库的计划，提上议事日程。

自1992年开始，在没有任何实践经验的情况下，储气库的类型、建设规模一直困扰着储气库的设计建设者，储气库选址更是成为首要解决的问题。设计建设者对北京周边含水层构造、煤矿及采石矿坑、华北油田的油气藏等多个区域进行了大量考察，经过多次国外调研、咨询和多方技术经济对比，最终确定了大港油田大张坨凝析气藏作为我国第一座商业储气库。由此，迈出了中国地下储气库建设的第一步。

1999年，大港油田大张坨地下储气库开始建设，正式揭开了中国地下储气库建设的序幕（图2-139）。

图2-139 大张坨地下储气库（大港油田提供）

建库之前，大张坨断块为一个凝析气藏，于1975年5月被钻探发现，1994年6月开始试采，经历了试采和循环注气保持压力开发两个阶段。全断块共钻有采气井5口，建库前地层压力19.55兆帕。依据前期地质认识和气藏开发情况，设计 19 口注采井，储气库的库容量为 17.81 亿立方米，形成工作气量 6 亿立方米，于 2000 年建成投产运行。

大张坨地下储气库属于板桥储气库群，位于天津市滨海新区大港油田，距离首都北京 100 多千米，距离天津 40 多千米，正好处于京津冀城市群天然气调峰有利的安全输送范围内，是连接北京天然气管道的重要的地下储气库，每年冬季向北京供应天然气，实现调峰功能。

大张坨储气库建成后，利用大港油田、华北油田的 16 个气藏陆续建成板桥、京 58、板南、苏桥等 4 座储气库群。大张坨、板 876 等储气库在陕京一线、陕京二线、陕京三线系统中发挥了调峰保供与临时气源的功能，保证了京津冀三地安全用气。

（二）亚洲首座盐穴型储气库——金坛储气库

盐穴型储气库是在地下盐层中通过水溶解盐而形成空穴，用来储存天然气。从规模上看，盐穴型储气库的容积一般小于油气藏型储气库和含水层型储气库，单位有效容积建设成本高，而且受卤水消化能力影响，溶盐造穴需要花费几年的时间。但盐穴储气库的利用率较高，注气时间短，垫层气用量少，需要时可以将垫层气完全采出。截至 2020 年，世界上共有盐穴储气库 44 座，约占地下储气库总数的 9%。

中国建成并投产的第一座盐穴型储气库位于江苏省常州市金坛区西北的金坛盐穴储气库，也是亚洲第一座盐穴型储气库。

中国盐穴型储气库相关研究开始于 1999 年，初期主要是对国内的盐矿进行调查，初步评价各盐矿的建库地质条件。随着西气东输管道工程的实施，正式启动了西气东输工程建设天然气地下储气库项目。由于西气东输管道工程沿线长三角地区油气藏库址目标资源缺乏,盐岩资源发育较为丰富,盐岩建库成为该地区的主要建库目标(图2-140)。但盐层薄、夹层多、品位较低、泥质含量高、隔层厚度大,使得建库难度较大。经过近20年的研究探索与实践,逐步形

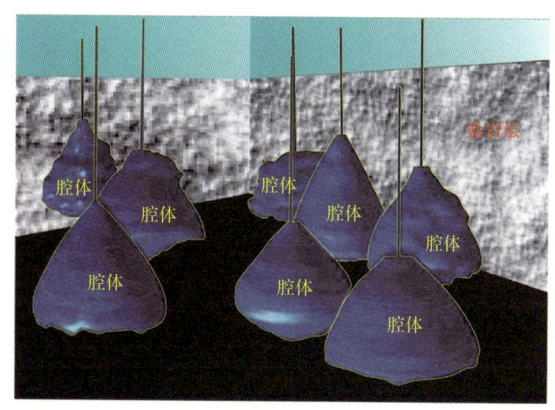

图2-140 废弃岩穴矿群示意图(引自《盐穴储库造腔工程技术》)

成了适合中国复杂地质条件的盐穴型储气库建库技术系列,在世界上首次将复杂形态采卤老腔改建成储气库,并取得成功。

金坛储气库设计总库容26.38亿立方米,有效工作气量17.14亿立方米。设计部署75口井,改造老腔5口、新钻井64口、备用井6口。地面工程注气规模1200万立方米每天,采气规模2700万立方米每天。注采过程中的运行压力区间为7~17兆帕,应急采气压力下限可降为6兆帕。

金坛储气库于2005年1月开工建设,2007年9月5口老腔改造成功(图2-141),截至2020年底,已钻新井69口,修复老井5口,完成造腔井30口,正在造腔井21口,投产井30口。通过边建设边投产,继2007年5口老腔投产后,已陆续投产新井

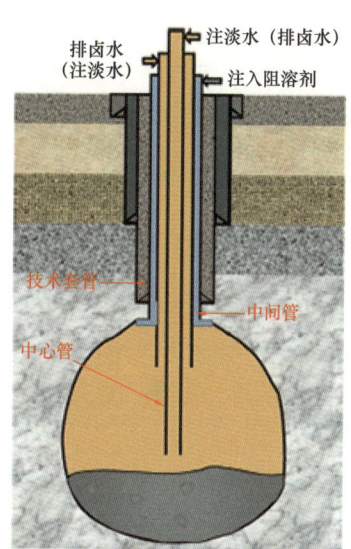

图2-141 金坛盐穴型储气库构造图

30 口，形成有效工作气量 7 亿立方米左右。

金坛盐穴地下储气库建成以来，累计采气 34.48 亿立方米，注气 43.94 亿立方米。充分发挥了盐穴型储气库注采气灵活、应急采气能力突出等特点，在管网压力调峰、管网季节性调峰、节假日调峰、配合现场作业调整及应急调峰等方面发挥了重要作用。

针对中国长三角的主要调峰市场，对长三角地区盐矿资源进行了调查，盐矿主要分布在江苏省和浙江省。江苏省有 3 座盐矿，即金坛盐矿、赵集盐矿和淮安盐矿；浙江省有 1 座，为宁波盐矿。这 4 座盐矿中，仅有金坛盐矿投入地下储气库建设。浙江宁波盐矿埋藏较浅，为 450～500 米，目前对建设潜力开展了评价。同时，中国中南部地区的河南平顶山、湖北云应、湖北黄场、湖南湘衡、安徽定远东兴、江西樟树等 6 座盐矿也在开展建库资源评价工作。

（三）中国华北地区最大储气库——文 23 储气库

地处河南省濮阳市的中原油田历经 40 余年的勘探开发，部分油气田进入开发后期，封闭性良好的油气储集空间，具备了得天独厚的储气库建设条件。

文 23 储气库是我国华北地区最大的气藏型储气库，项目位于濮阳市文留镇。整体工程设计最大库容 104.31 亿立方米，有效工作气量 44.68 亿立方米，最大日调峰能力 3600 万立方米。

文 23 储气库是国家"十三五"重点建设工程，是国家大型天然气储转中心和天然气管网连接枢纽，辐射周边 6 个省和 2 个直辖市，北连天津 LNG 接收站和鄂安沧管道，西通华北大牛地气田和榆济管道，东接青岛 LNG 接收站和山东管网。该储气库建成后，极大地缓解了华北地区乃至全国在用气高峰期间用气紧张的局面。

为把文23储气库打造成百年品质工程，设计方案整整研究了3年。直至2017年5月19日，中国石化在河南省濮阳市举行文23储气库一期工程开工仪式，标志着华北地区最大天然气储气库正式开工建设。

2019年7月31日，文23储气库一期工程全面建成顺利投产，为大规模注气调峰提供了储备气源。同时，与中国石化文96储气库等共同形成中原地下储气库群，对于保障国家能源安全、促进华北地区天然气管道平稳运行、推动区域经济发展发挥了重要作用。

（四）中国最大调峰储气库——呼图壁储气库

呼图壁储气库位于新疆呼图壁县，由中国石油投资111.6亿元建设，是西气东输二线首座大型储气库（图2-142）。总库容为117亿立方米，生产库容为45.1亿立方米，是中国规模最大地下储气库，注采气量位居全国首位。其功能定位为西气东输二线和北疆地区季节调峰及战略储备之用。

图2-142 中国最大调峰储气库——呼图壁储气库（新疆油田提供）

从储气模式上来说，呼图壁储气库是中国首座带边（底）水中渗透砂岩型地下储气库。该类气藏型储气库是利用枯竭的气层或油层建设而成，是目前最常用、最经济的一种地下储气形式，具有造价低、运行可靠的特点。截至 2020 年，全球共有此类储气库逾 300 座，约占地下储气库总数的 75%。

呼图壁储气库为多层水侵砂岩储层，埋藏深度 3580 米，建库区域发育三条大型断层。摆在建设者面前的最大问题，是天然气大规模注入埋深如此大的储气圈闭中，如何能"存得住、存多少、采得出、可监控"。

针对气藏型储气库注采过程中面临的一系列难题，科研人员提出了储气库有效储气空间分区的评价方法，创新形成了储气库井注采工艺技术，开发了地下地面一体化的工艺模拟软件，形成了变流量精准注采、超高压密相输送等储气库地面工艺技术，确保了对库存天然气的精准、有效、快速管理。

呼图壁储气库自 2013 年投运至今，已经完成九个注采周期运行，注采天然气吞吐量达 230 多亿立方米，最大调峰日采气能力由初期的 600 万立方米提升到 2800 万立方米。其外输天然气除了保障乌鲁木齐、昌吉等新疆北部城市外，还被输送到北京、上海等西气东输沿线城市，为冬季高峰供气、应急储备调度提供了资源保障。

（五）储气库建库理论和技术

从大张坨到呼图壁，中国储气库建设经过 20 余年的科技攻关与实践，已经形成了一套独特的储气库建库技术。

中国储气库绝大多数为气藏型储气库，建库主体多为复杂断块气藏，构造破碎，储层低渗透、非均质性强，流体复杂、埋藏深，建库对象以中深层复杂断块、非均质低渗透气藏为主（图2-143）。储气库建设是世界级难题。储气库建好后，还要在高压下把天然气注进去，并把它保存好，然后每年要注、要采，因此，如何建立地下密封条件是主要难题之一。

图2-143　地下储气库地质构造示意图

从选址角度，创建了复杂断块储气库动态密封理论、复杂储层高速注采渗流理论和优化设计方法，攻克了复杂地质条件下储气库工程建设关键技术，建立了复杂储气库长期运行风险预警与管控技术，构建了成套建库技术及标准体系，解决了"存得住"的难题，实现了从静态到动态、从定性到定量的转变，形成了配套成熟的储气库密封性评价技术。

从设计角度，研发了储气库多周期注采仿真模拟实验系统，创新了复杂地质条件气藏型储气库高速注采渗流理论和优化设计方法（图2-144），建立了复杂储气库库容参数设计指标体系，实现了复杂储层储气库能够高效"采得出"。

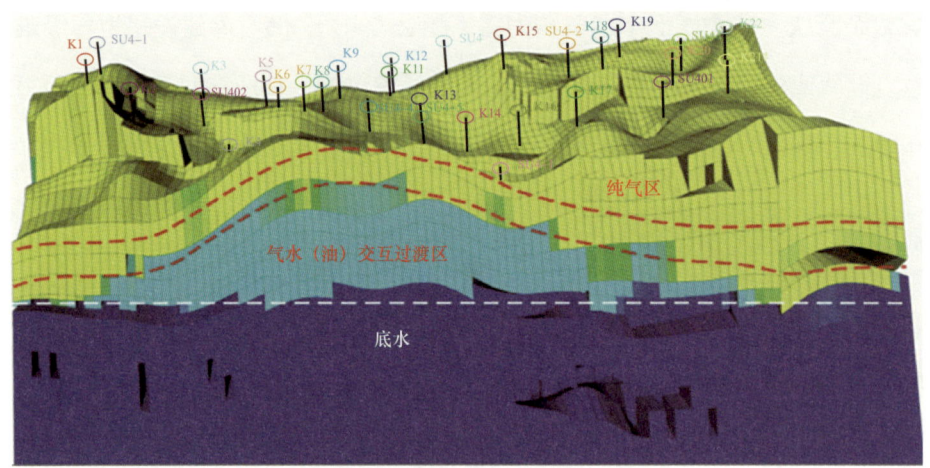

图 2-144　地下储气库井位优化设计模拟图

从工程技术角度，储气库实际运行过程中，注采井承受的载荷是最大的。通过创新交变载荷防裂隙固井技术、超低压地层堵漏技术和高压大流量注采核心装备，突破了复杂深层储气库工程建设关键技术瓶颈。

从装备角度，储气库地面集注站最核心的设备就是压缩机。2017 年 9 月，成都压缩机厂自主研发的最大功率高速往复式压缩机应用于苏桥储气库，使中国成为世界上第二个具备制造同等级压缩机的国家，摆脱了对核心装备进口的依赖。该产品获中国机械工业联合会"改革开放 40 周年机械工业杰出产品"表彰。

从风险管控手段，利用微地震事件的综合评价，建立了信号识别模式，创新复杂地质体和井筒泄漏风险识别定位与评价技术，解决了储气库长期运行风险预警的难题，构建了储气库"地下—井筒—地面"三位一体的全生命周期风险管控体系。

复杂地质条件选址、设计、建设、管控等四大理论技术引领了世界复杂储气库技术的发展，并相继创造了储气库建设多项"世界之最"。

技术评审专家组高度评价了复杂地质条件下气藏型储气库建设技术：创造了"断裂系统复杂、储层埋藏最深、地层温度最高、注气压力最高、地层压力系数最低"等储气库建设的世界第一，创新成果整体达到国际先进水平。这几个"最"字，是对中国储气库设计建设成就的褒奖，更是对中国地下储气库建设者勇于挑战、勇闯储气库建设禁区精神的肯定和鼓励。

（六）中国储气库战略布局和规划

为优化能源结构、保障能源安全，四大因素呼唤中国加快储气库建设提速：一是满足天然气消费需求，二是适应天然气消费结构变化，三是化解天然气保供风险，四是确保社会稳定。

基于上述因素，中国规划了六大区域、15个储气库群建设：一是环渤海地区，计划建设储气库群3个，分别是华北、大港和胜利储气库群；二是东北地区，计划建设储气库群3个，分别是大庆、吉林和辽河储气库群，均为油气藏型储气库；三是中东部（含长江三角洲）地区，计划建设储气库群3个，分别是苏南金坛盐矿、江苏油区、淮安盐矿储气库群；四是西南地区，计划建设储气库群2个，分别是川渝和安宁储气库群；五是中西部地区，计划建设储气库2个，分别是长庆气区和平顶山盐矿储气库群；六是西北地区，计划建设储气库群2个，分别是北疆以呼图壁为主的储气库群和东疆温吉桑储气库群。

中国储气库战略考量和战略规划是：东部目标市场区主要用于应急和调峰；中西部枢纽区以战略储备为主，兼顾区域调峰；复合区区域调峰与战略储备相结合。西北、西南、东北、环渤海、中西部储气库布局优先选择油气藏构造，在不具备油气藏建库条件的长三角和中南地区寻找含水层及盐穴储气库。

经过持续创新，我国储气库建库能力不断增强，已形成气藏型和盐穴型两类储气库相关配套技术体系，以及四大天然气进口通道及主要天然气消费市场安全保供体系，填补了中国天然气产业链"储气库"的空白。

新一批 15 座储气库已经开始建设，建成后调峰能力预计突破 300 亿立方米（表 2-2）。2030 年，将在全国形成东北、环渤海、西北、西南、中西部和中东部六大储气库调峰中心，共计 1000 亿立方米天然气调峰能力，

表 2-2　中国正在建设的国家重点地下储气库

序号	区域	储气库（储气库群）	调峰能力/亿立方米	计划建成时间
1	东北	黑龙江四站	3.0	2022 年
2		黑龙江升平	45	2025 年
3		吉林双坨子	5.1	2023 年
4		辽宁雷 61	2.7	2021 年
5		辽宁双台子	24	2022 年
6		辽宁马 19	7	2028 年
7	华北	天津驴驹河	3	2023 年
8		河南文 23	4	2023 年
9	中西部	陕西苏东 39-61	10	2025 年
10		陕西榆林南	100	2025 年
11		陕西陕 17	16	2025 年
12		中原储气库群	60	2025 年
13	西北	新疆温吉桑	10	2024 年
14	西南	重庆铜锣峡	7.3	2023 年
15		重庆黄草峡	5.5	2022 年
		合计调峰能力	302.6	

数据来源：中国石油勘探开发研究院。

占天然气消费量的16%（图2-145）。地下储气库的大规模建设，推动了行业科技进步，形成了中国储气库新型产业，大幅提升了能源储备，为中华民族伟大复兴增添了"国家底气"。

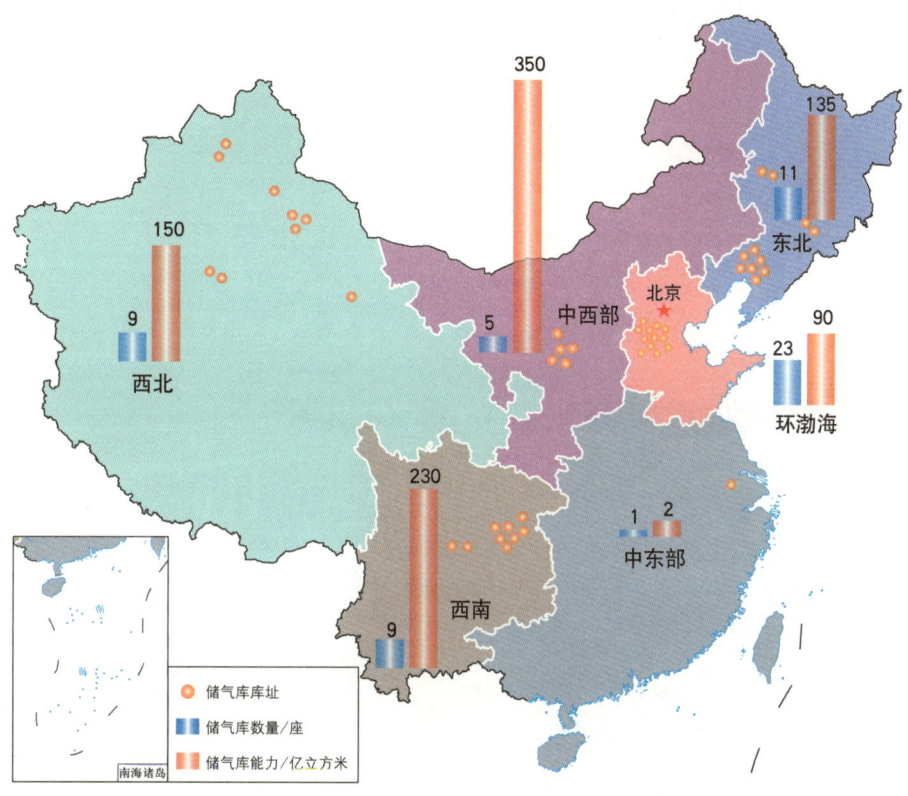

图2-145　中国六大储气库调峰中心规划图（中国石油勘探开发研究院提供）

第三篇
畅想石油新征程

创新是一个民族进步的灵魂，是一个国家兴旺发达的不竭源泉，也是中华民族最深沉的民族禀赋。在激烈的国际竞争中，惟创新者进，惟创新者强，惟创新者胜。

人类社会的生产力发展和文明进步的脚步不会停止，中华民族迈向伟大复兴的脚步也不会停止。未来，石油在人类社会、人类文明和世界工业体系中将扮演什么角色？中国石油工业在"两个一百年"的宏伟蓝图中，在实现中华民族伟大复兴的中国梦事业中发挥什么作用？这是一个严肃而重大的历史课题。

回顾过往豪情满怀，展望未来任重道远。新的形势、新的要求和新的目标下，中国石油工业仍将在能源领域扮演重要的角色，将呈现"四大发展趋势"、推出"三大科技对策"、描绘"四大愿景蓝图"。

一、四大发展趋势

（一）能源转型

能源是人类文明进步的基础和动力，关乎国计民生、国家安全和社会发展，从柴薪、煤炭到石油和天然气，在数百年的历史进程中不断更替。在未来的能源中，油气不会永远是主角，但也不会迅速退出舞台（图3-1）。

石油将缓慢地失去青睐度，应重新发现石油勘探、开发和技术的新转变，重新评估石油的市场需求、产品用途和使用价值，重新认识石油。能源转型的现实，将会无情地摆在国际石油界面前。

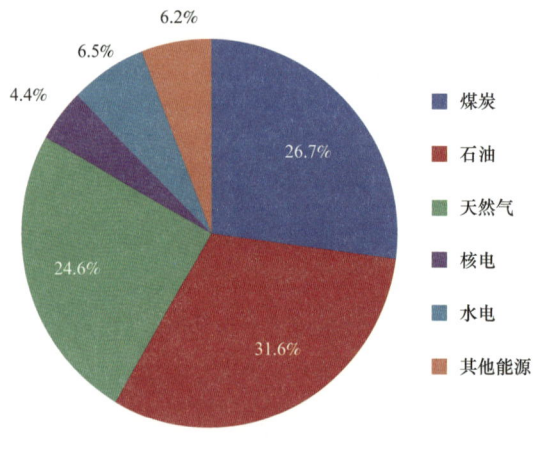

图 3-1　2020 年世界能源消费结构
数据来源：国家统计局、中国石油经济技术研究院

能源转型是一个大命题，具有深远的影响和多重维度。大到人类如何进一步升级千年以来的能量来源，如何确立和实现国家的发展前景与目标，如何维护全球生态与环境、减少温室气体排放、应对气候变化，影响到行业和企业的发展方向，小到民众衣食住行中的方方面面。这些都与能源的现状、转型进程及未来方向密切相关。

从全球大变局、大趋势来看，全球对能源转型的认识逐渐形成共识，转型呼声越来越高，其趋势不可阻挡。

当前，中国坚持以创新、协调、绿色、开放、共享的新发展理念推动高质量发展为主题，以深化供给侧结构性改革为主线，全面推进能源消费方式的变革，构建多元清洁的能源供应体系，实施创新驱动发展战略，不断深化能源体制改革（图 3-2、表 3-1）。

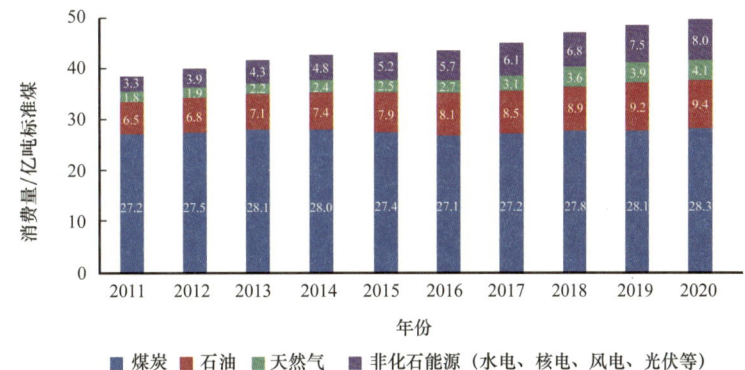

图 3-2 2011—2020 年中国能源消费量

数据来源：国家统计局、中国石油经济技术研究院

表 3-1 2016—2020 年中国一次能源消费总量及能源消费结构

年份	能源消费总量/亿吨标准煤	能源消费结构/%			
		煤炭[1]	石油	天然气	非化石能源
2016	43.6	62.2	18.7	6.1	13
2017	44.9	60.6	18.9	6.9	13.6
2018	47.1	59	18.9	7.6	14.5
2019	48.7	57.7	18.9	8.1	15.3
2020	49.8	56.8	18.9	8.2	16.1

① 未考虑煤炭热值的变化。

数据来源：国家统计局、中国石油经济技术研究院。

中国新时代的能源政策理念是"五个坚持"：坚持以人民为中心；坚持清洁低碳导向；坚持创新核心地位；坚持以改革促发展；坚持推动构建人类命运共同体。习近平总书记提出"四个革命、一个合作"能源安全新战略。"四个革命"即推动能源消费革命，抑制不合理能源消费；推动能源供给革命，建立多元供应体系；推动能源技术革命，带动产业升级；推动能源体制革命，打造能源发展快车道。"一个合作"即全方位加强国际合作，实现开放条件下能源安全。

在以上能源发展理念和能源安全战略指导下，石油工业必将发生"四个转变"。

一是由不可再生能源向可再生能源的转变。能源分为可再生能源和不可再生能源。可再生能源泛指多种取之不竭的能源，即具有自我恢复特性，并可持续利用的能源，包括太阳能、水能、地热能、生物能、氢能、风能以及海洋能等。不可再生能源是指在自然界中经过亿万年形成，短期内无法恢复且随着大规模开发利用，储量越来越少的能源。煤炭、石油、天然气、核能等是不可能再生的能源，用掉一点，就少一点。为了子孙后代，为了保护大自然，必须实现由不可再生能源向可再生能源的转变。

二是由非清洁能源向清洁能源的转变。非清洁能源是指人类直接或间接地向环境排放超过其自净能力的物质或能量，从而使环境的质量降低，对人类的生存与发展、生态系统造成不利影响，主要包括化石能源中的煤、石油等。清洁能源又称绿色能源，一般包括太阳能、地热能、海洋能、生物能、风能、水能等可再生能源以及天然气和天然气水合物（可燃冰）等化石能源。预测可燃冰资源量相当于已发现煤、石油、天然气等资源量的两倍以上，且是世界公认的清洁高效的替代能源中的一种，极具商业开采价值。今后，可燃冰的勘探开采，将是中国能源发展的方向。

三是由常规油气向非常规油气的转变。目前，中国的常规油气资源量只占油气资源总量的20%，而非常规油气资源量占油气资源总量的80%，大多数非常规油气资源还没有被人们充分认识和发现。"页岩气革命"使美国成为世界第一大天然气生产国，在实现能源独立的同时，确保了美国在非常规油气资源勘探开发领域的绝对话语权。中国的页岩气储量丰富，国家高度重视非常规油气资源开发，正在加大勘探开发的力度，以解决中国能源紧缺问题。

四是由陆地能源向海洋能源的转变。人类生活于陆地，首先发现、开发、利用的是陆地能源，而由于技术条件的限制，对海洋能源的发现、开发、利用较少。目前，陆地能源的勘探、开发、利用程度已经很高，面临着越用越少，甚至枯竭的局面。为此，随着海洋装备和技术的发展，由陆地能源向海洋能源的转变已是大势所趋。

（二）"油"稳"气"升

1978年，我国的石油产量进入了"稳中有升"时期。

在这种情况下，天然气作为石油的接替能源，具有十分重要的战略意义。改革开放以来，中国实施"油气并举"的方针，天然气勘探开发得到了飞速发展。2020年底，中国的天然气和石油基本实现了"平分秋色"，预计今后天然气的发展会越来越快（图3-3）。

智能采气

图 3-3　2010 年至 2020 年世界天然气消费量及增速
数据来源：国家统计局、中国石油经济技术研究院

在谈到"油"稳"气"升时，还要阐明一个观点：石油不会很快被替代，但人类对石油的青睐度会慢慢地降低。随着新能源、替代能源的发展，很多国家已经宣布未来将禁止生产化石燃料汽车，但估计至少在 21 世纪中叶以前，化石燃料仍占汽车燃料的一半以上。能源替代是一个缓慢的过程，需要几十年的时间。

2020 年至 2030 年是中国能源消费与碳排放达峰阶段，天然气因低碳、清洁、调峰发电灵活性较大的特性，需求仍会保持快速增长。2020 年全国天然气消费量约 3200 亿立方米，预计到 2030 年达到 5260 亿立方米，到 2035 年左右天然气需求达到峰值 6500 亿立方米，需求量的大幅增加将驱动天然气管网等基础设施的建设，尽快补齐基础设施的短板。

国家"十四五"规划和 2035 年远景目标纲要明确提出要求。构建现代能源体系，推动油气增储上产，加快建设天然气主干管道，完善油气互联互通网络。推进送电输气等一批强基础、增功能、利长远的重大项目建设。新建中俄东线境内段、川气东送二线等油气管道，加快中原文23、辽河储气库群等地下储气库建设。完善产供储销体系，增强能源持续稳定供应和风险管控能力，实现油气核心需求依靠自保。夯实国内产量基础，保持原油和天然气稳产增产。多元拓展油气进口来源，维护战略通道和关键节点安全。

（三）控"炼"增"化"

目前，中国的炼油工业正面临"三大挑战"：

一是国内炼油能力过剩。近年来，炼油行业迅猛发展，炼制规模不断扩大。综合考虑未来国内经济增长率、汽车保有量、天然气及电动汽车替代等多种因素影响，按国内成品油需求量3.7亿吨、开工率80%、成品油收率65%计算，产能过剩至少2亿吨。

二是替代能源迅速发展。为了降低对化石能源的依赖、减少环境污染，中国大力发展核能、水电、太阳能和风能等清洁替代能源，并鼓励发展以电动汽车为主的新能源汽车，未来十年新能源汽车保有量将快速上升。世界各国相继推出禁售燃油车的时间表，中国也可能在2050年以前实现传统燃油车的全面退出，对炼油行业带来的冲击将会越来越大。

三是高硫石油焦受限。近两年，有关燃烧石油焦是PM2.5主要成因的报道，让石油焦问题越来越受到环保部门的重视。国家环保法规对石油焦严格限制。目前石油焦硫含量要求不大于3%，大于3%的高硫石油焦将无法出厂。随着国内环保要求日益加强及供给侧改革进一步深化，对高硫石油焦的消费量将逐步减少，高硫石油焦的出路必将成为制约炼油厂发展的难题。

中国的成品油需求增速大幅放缓，但芳烃和烯烃等基础有机化工原料仍大量短缺，这就要求炼油企业从"燃料型"向"化工型"转型升级，实现控

"炼"增"化"的目标是大势所趋。

对于炼油企业转型，国家会引导炼油企业以效益为中心，防止市场出现无序竞争，陷入重复建设、重复过剩、重复治理的怪圈。应充分研判市场走势，选择合适的产品方向，宜烯则烯、宜芳则芳，并考虑向下游具有高附加值产业链延伸的趋势，炼油厂由燃料型转向多产化工原料型。

（四）海外接力

随着中国经济的快速发展，能源需求的矛盾越来越突出。据有关统计资料，截至 2020 年底，中国原油对外依存度约 73%，天然气对外依存度约 43%（图 3-4，表 3-2）。这就需要继续坚持"走出去"，拓展国际合作，寻找和共享海外油气资源，以保障国家能源安全。截至 2020 年底，仅中国石油的海外油气业务，就在全球 35 个国家和地区管理运行着 90 多个油气合作项目，建成了中亚—俄罗斯、中东、非洲、美洲和亚太五大海外油气合作区。

图 3-4　中国天然气年消费量及对外依存度

数据来源：国家统计局、中国石油经济技术研究院

表 3-2　2020 年中国原油进口十大来源国及进口量

排名	国家	原油进口量 / 万吨
1	沙特阿拉伯	8457
2	俄罗斯	8357
3	伊拉克	6012
4	巴西	4219
5	安哥拉	4179
6	阿曼	3784
7	阿拉伯联合酋长国	3117
8	科威特	2750
9	美国	1976
10	挪威	1272

数据来源：国家统计局、中国石油经济技术研究院。

今后，海外业务会得到进一步发展，预计 2021 年至 2035 年，年均新增权益可采储量 5000 万吨，再建成 5～8 个 500 万吨级以上的油气田。2025 年，海外权益油气产量超过 1.2 亿吨；2035 年，海外权益油气产量超过 1.5 亿吨。

二、三大科技对策

无论能源转型,还是"油"稳"气"升、控"炼"增"化"、海外接力,都依赖石油科学技术的进步。未来,石油石化领域将采取"三大科技对策"。

(一)理论突破

实践是理论的基础,而理论对实践有着重要的指导作用。没有科学的理论就没有卓有成效的行动。石油勘探开发领域也是如此。

陆相生油理论的创立,指导中国寻找石油近百年,发现了大庆、胜利、辽河、长庆等一大批油田,推动了中国石油工业的兴起与发展。

复式油气聚集理论的创立,使中国在渤海湾盆地找到了胜利、渤海、辽河、华北、大港、冀东等油田群,推动石油年产量上亿吨。

在今后一段时间,石油地质理论的创新仍将推动中国石油工业的快速转型与发展。

中国陆相页岩油勘探开发正在掀起一场页岩油"革命",中国页岩油可采资源量为45亿吨,居世界第三位,但以陆相沉积为主。因此,要想实现陆相页岩油开发的突破,亟须在这一新领域取得理论突破。目前,大庆、大港、新疆、长庆等油田页岩油勘探开发取得重要进展,且长庆油田2020年页岩油产量突破100万吨,形成的勘探开发理论与技术,将在今后的页岩油开发中继续发挥指导作用。

纳米采油理论将发挥出更大的作用。在地球科学,尤其是石油科学领域,纳米技术将发挥越来越重要的作用。地层中石油的运移和采出、天然气水合物开采、泵送石油的许多控制过程、被水约束的天然气和油水处理等方面的研究均与纳米科学有关。目前，中国石油开发开采领域对纳米理论的研究正在逐步深入，一旦取得突破性进展，将对能源行业产生较大影响。

另外，超深井钻采、页岩气开发、可燃冰开采、数字化转型等理论研究也在不断取得新的突破，必将推动中国油气资源勘探开发的结构发生飞跃式的变化。

（二）科技发力

能源转型、能源发展理念和发展模式的改变，必然引起一场科学技术的革命，石油工程技术的发展将日新月异。为适应这些趋势，中国的石油科学技术将会出现四个方面的创新和突破：

一是技术装备的创新与突破。工欲善其事必先利其器，石油工业的发展要靠先进的装备。提速提效技术装备将是研发的重中之重。不论是石油公司、油服公司，还是石油装备生产商，都在致力于提速提效装备与工具的研发。其中主要是提高"三个能力"，即适应复杂地层和环境的能力、适应深海作业的技术装备能力和适应精细压裂增产技术的能力。

二是工艺技术的创新与突破。为应对"深、低、海、非、老"储层钻井需求，钻井技术将向更深、更快、更便宜、更清洁、更安全的方向发展；多分支井钻井、连续管钻井、地质导向钻井、不间断循环钻井、工厂化钻井、智能钻杆钻井、激光钻井等技术将被广泛应用；海洋、深水钻井平台将由固定平台发展到第六代自动定位平台，深水钻井深度将超过12000米；在炼油化工领域，企业将大力推进创新驱动，继续走以园区化、基地化、装置规模化、炼化一体化、工厂智能化为主要内涵的高质量发展之路。

三是智能化的创新与突破。智能化将成为石油科学技术的发展方向。人工智能、物联网、云计算等信息技术的发展与应用，必将推进石油工程技

智能采油

术装备的自动化、智能化发展（图 3-5 和图 3-6）。远程决策系统能够实现大数据的优化、传输和控制，成为石油工程自动化、智能化的远程控制中心。以智能化为代表的油气技术革命正在拉开序幕。智能钻井、纳米驱油、原位改质等新一代勘探开发智能化技术体系正在形成，新一轮技术革命蓄势待发。

生产模式转变：自动化生产　　巡检操作转变：无人值守/少人值守　　组织模式转变：五级变三级

图 3-5　物联网助力生产现场自动化感知操控（中国石油勘探与生产分公司提供）

图 3-6　2021 年 1 月 22 日，中国石油云南石化常减压装置投料开工首次采用全流程智能控制系统（云南石化提供）

四是节能环保技术的创新与突破。节能环保高效技术更受欢迎，大到新型材料、纳米、石墨烯、记忆金属、金属橡胶等技术，小到影响钻井技术发展的可降解桥塞、连续管、微地震监测、化学示踪剂、井下光纤传感器等技术都将得到快速发展。油田服务公司正在逐渐向油公司提供相关一体化解决方案及模块化技术。

（三）数字化转型

当前，在能源领域，正在掀起数字化转型、智能化发展的热潮。经过20年集中统一的信息化建设，石油石化产业已经建成应用了涵盖生产管理、经营管理、综合管理、基础设施和网络安全的众多集中统一的信息系统，实现了从分散向集中、从集中向集成的两次阶段性跨越。

中国石油上游领域已经推出了勘探开发梦想云平台，建成国内最大的勘探开发数据湖，运用于油气勘探、开发生产、协同研究等八大业务领域（图3-7）。业务覆盖50多万口油井、700多个油气藏、8000个地震工区、4万个站库，分布式开放数据生态已见雏形（图3-8）。预计在不远的将来，将覆盖更多的能源企业和流程工业。

图3-7 勘探开发梦想云平台智能应用场景（中国石油勘探与生产分公司提供）

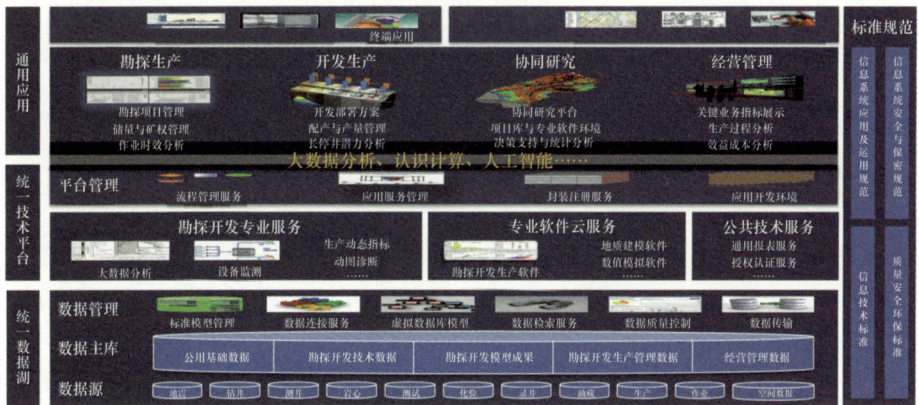

图3-8 中国石油勘探开发梦想云蓝图（中国石油勘探与生产分公司提供）

未来，石油石化产业将利用自动感知实时采集油气产业链运行数据，利用全面互联广泛获取内外部数据，运用数字化技术持续优化业务执行和运营效率，"十四五"末初步建成"数字中国石油""数字中国石化""数字中国海油"等，构建物理与数字孪生体融合交互的闭环系统，推进实体业务与数字化世界的双向连接运行，形成内外部连接、共享、协同机制，实现降本增效、协同共享、持续创新、风险预控和智慧决策，不断提高全员劳动生产率和资产创效能力。

三、四大愿景蓝图

展望新的时代,憧憬石油石化工业的未来,"四大愿景"呈现在我们面前。

(一)油气保障有力度

奉献能源,保障国家能源安全,是石油人的天职,也是石油人为之奋斗的目标。

能源安全是关系国家经济社会发展的全局性、战略性问题。国家能源安全的保障共有五条渠道。

五条渠道中的三条在国内:一是常规石油天然气的发展。截至2020年底,全国原油年产量已达1.95亿吨,天然气年产量已达1888亿立方米。"十四五"期间,石油产量仍会保持稳中有升,天然气产量将以每年100亿立方米的速度增加。二是非常规石油天然气的发展。截至2020年底,全国页岩气年产量200亿立方米,煤层气年产量50亿立方米;预计"十四五"期间,页岩气、煤层气等非常规天然气将会迅速崛起,其中页岩气产量有望于2030年达到1000亿立方米。三是新能源的发展。预计"十四五"期间,太阳能、风能、生物质能、地热、氢能、可燃冰等新能源将会步入快速发展阶段。各石油公司将逐步实现由国际石油公司向国际能源公司的转变。

五条渠道中的另外两条在海外:一是从和其他资源国合作石油勘探开发

项目中获取份额油。预计"十四五"期间，海外资产结构、资产盈利能力、国际竞争能力和风险防控能力将会进一步提升，油气保障力度将会进一步加大。二是进口石油天然气。2020年天然气进口已超过1000亿立方米，预计"十四五"期间会进一步增加。

另外，中国还坚持国家储备与企业储备相结合、战略储备与商业储备相结合、调峰与应急相结合的方针，大力加强油气储备建设，不断提升储备能力。2030年，将在全国形成东北、环渤海、西北、西南、中西部和中东部六大储气库调峰中心，调峰保障能力进一步增强。

通过以上五条渠道的能源保障和油气储备，整体提高国家油气自给能力，保障国家能源安全，促进国家经济社会发展。

（二）炼油化工有深度

2020年，中国炼油能力8.8亿吨/年，乙烯总产能达到3518万吨/年。预计"十四五"期间，炼油能力将升至10.2亿吨/年，乙烯生产能力将突破5000万吨/年。

中国的炼化工业将全面进入炼化一体时代。预计其产品附加值可提高25%，节省建设投资10%以上，降低能耗15%左右。同时，通过运用以云计算、大数据、物联网、人工智能等为代表的信息技术，全力推进生产状态可视化、装置操作系统化、管理控制一体化、应急指挥实时化、基础设施集成化、全产业链优化运行，在不远的将来，安全、环保、高效的智能化炼油厂将会形成更为可观的场景。

在今后炼油化工行业的发展过程中，石化新材料的研发将同新能源一样，成为一种具有战略意义的行动。发展高端石化新材料，解决"补短板""填空白""卡脖子"技术问题，将是炼油化工业的攻关方向。中国的石化产业中下游延伸及新材料战略研究已经启动，并描绘了重点发展的"六大产业链、一个重点产品链"蓝图和近期、远期产业链关系，列示了55个推荐项目清单，还对项目的品种、技术、规模、时间、建设地点进行了详细规划。不久的将来，石化新材料将不断实现新的突破。

（三）便民惠民有广度

全心全意为人民服务是中国共产党的宗旨，党领导的石油工业将从三个方面更好地造福人民、服务人民。

一是天然气惠民。根据国家能源局、国务院发展研究中心和国土资源部联合发布的中国天然气发展报告，2030年天然气在一次能源的占比将达到15%。在城镇燃气方面，2030年城镇居民气化率将达到65%~70%；在天然气发电方面，2030年天然气发电装机占中国电源总装机比例将达到10%；在工业燃料方面，2030年天然气占工业燃料消费量比例将达到25%；在交通运输方面，2030年将实现气化车辆1400万辆、气化船舶8万艘。总之，中国天然气供应构成主体多元、国内国外并重的资源保障体系，预计2030年达到6000亿立方米。

中国将长期维持西气东输、北气南下、海气登陆、就近供应的天然气流向，预计到2030年中国天然气长输管道总里程将达到17万~20万千米，年度一次管输6000亿~7000亿立方米，地级及以上城市管网覆盖率95%以上，县级城市管网覆盖率80%以上。

根据国家发展和改革委员会及国家能源局2017年5月发布的《中长

期油气管网规划》，到 2025 年天然气主干管网全部连通，支线管道和区域管网密度加大，储运能力大幅提升，管网总里程达到 16.3 万千米，逐步实现 50 万人以上的城市天然气管道基本接入，全国城镇用气人口达 5.5 亿人。

21 世纪是天然气的世纪，气化中国不是梦。一个使用更加便捷、更加清洁、更加实惠的天然气大国，必将会成为环境保护贡献率最大的现代化国家。

二是油品销售惠民。在油品零售方面，中国的加油站业务与互联网、大数据、云计算、物联网等企业相结合，开始转型升级，智慧加油站蓬勃兴起，互联网 + 业务涵盖了越来越多的便民服务。在加油站，不仅可以加油，而且可以购买商品、读书、娱乐、住宿等。不久的将来，加油 + 加气、加油 + 充电，将实行一体化自主服务。增加自驾车主后市场服务站点，联合附近汽车维修单位或汽车配件公司等为车主提供更为便捷优质的汽车后服务，销售网络建设也将越来越多地覆盖各个地区。

三是化工产品惠民。为了满足人民生活日益增长的需要，化工产品的品种会越来越丰富，质量会越来越好（图 3-9）。纤维、精制剂、渗透剂、金属离子黏合剂等日用化工产品，将会普遍进入千家万户。特种纤维、有机硅、氟橡胶、蛋氨酸、冶金法太阳能级多晶硅等多种高技术含量、高附加值产品的特殊化工产品，将会得到进一步的开发和生产。其中我国的蛋氨酸产量已位居世界第二位，有机硅产量居世界第三位。特种燃油中间体、催化剂、油品添加剂、塑料和橡胶助剂、纺织 / 皮革化学品、电子化学品、涂料和胶黏剂、发泡剂和制冷剂替代品、食品和饲料添加剂以及医药等，也会迅速发展起来。

图 3-9　碳纤维应用在各个领域（引自石油百科图库）

（四）蓝天白云有亮度

党的十九届五中全会指出：将推动能源清洁低碳安全高效利用作为加快推动绿色低碳发展的重要内容，强调深入实施可持续发展战略，促进经济社会发展全面绿色转型，建设人与自然和谐共生的现代化。这是中共中央对能源工业的最新要求。这一要求的最大特点是，中国能源工业发展的重点，不再是单纯地放在数量上，而要放在质量上。低碳循环发展，被提到了中国经济发展的重要议程上。

2020年9月22日，在第七十五届联合国大会上，习近平主席郑重承诺，中国将提高国家自主贡献力度，采取更加有力的政策和措施，二氧化碳排放力争于 2030 年前达到峰值，努力争取 2060 年前实现碳中和。在 2020 年 12 月 12 日联合国召开的"气候雄心峰会"上，中国又作出重要承诺：到 2030 年，中国单位国内生产总值二氧化碳排放将比 2005 年下降 65% 以上。这是中国向全球承诺实现碳达峰、碳中和的时间表，也是实现清洁能源目标的迫切要求（图 3-10）。

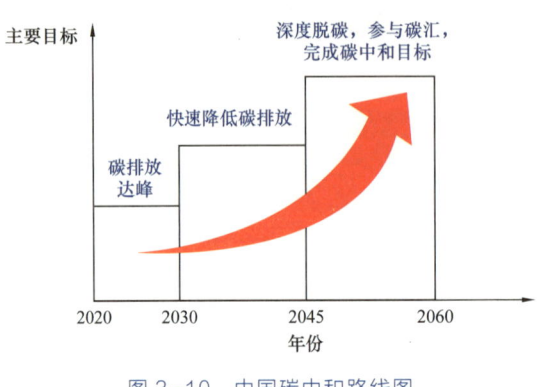

图 3-10 中国碳中和路线图

中国是实现《巴黎协定》目标的中坚力量。近期碳中和目标的提出成为全球应对气候变化进程中的里程碑事件，将对全球绿色低碳发展产生深远的影响。中国将加快推进化石能源向新能源转型的步伐，能源产业链将迎来加快重组、重构，引领中国能源产业实现前所未有的"能源革命"，取得历史性成就，实现历史性跨越。

中国碳中和目标要求新时代的中国能源发展，需选取化石能源清洁利用与清洁新能源利用并重的发展路径和发展模式。一方面要立足中国化石能源资源禀赋和能源体系结构特点，煤炭地下气化（UCG）、通过 CO_2 驱油和埋存实现碳减排；另一方面要稳步加大清洁能源利用规模，通过清洁新能源对化石能源的替代，逐步提高清洁能源在能源体系中的占比，直至形成以新能源为主体的能源生产和消费结构。

中国是世界上新能源发展速度最快、新能源利用规模最大的国家，这是实现中国能源革命的基石。新时代的中国能源发展将深化能源供给侧结构性改革，优先发展非化石能源，推进化石能源清洁高效开发利用。中国积极推进能源转型战略，能源结构持续优化，清洁能源替代作用日益凸现。

新的趋势，新的目标，新的时代，激励石油人团结奋斗，顽强进取，进一步肩负起为民族加油争气的新担当，继续谱写新华章，为实现中华民族的伟大复兴提供坚强高效的能源保障。

参考文献

[1]《百年石油》编写组.百年石油[M].北京:石油工业出版社,2009.

[2] 长庆油田分公司苏里格气田研究中心.苏里格气田水平井开发技术与实践[M].北京:石油工业出版社,2017.

[3]《大龙起舞》编委会.大龙起舞:中国石油天然气管道局建设西气东输工程纪实[M].北京:石油工业出版社,2004.

[4] 代海.漠地传奇:中国石油人在西部荒原的创业纪实(1949—2000年)[M].北京:石油工业出版社,2011.

[5] 申力生.当代中国的石油工业[M].北京:中国社会科学出版社,1988.

[6]《当代中国石油工业》编委会.当代中国石油工业(1986—2005)[M].北京:当代中国出版社,2008.

[7] 董秀成,周仲兵.中国战略石油储备政策研究[M].北京:科学出版社,2016.

[8]《奋进40年》创作组.奋进40年:中国海油改革开放

的闪亮记忆［M］．北京：石油工业出版社，2018．

［9］傅诚德，李希文．"一五"—"七五"石油科技要览（1949—1990）［M］．北京：石油工业出版社，2017．

［10］傅诚德．"八五"石油科技要览［M］．北京：石油工业出版社，1997．

［11］傅诚德．"九五"石油科技要览（1996—2000）［M］．北京：石油工业出版社，2006．

［12］傅诚德．"十五"石油科技要览（2001—2005）［M］．北京：石油工业出版社，2010．

［13］傅诚德．"十一五"石油科技要览（2006—2010）［M］．北京：石油工业出版社，2015．

［14］傅诚德．中国石油科学技术50年［M］．北京：石油工业出版社，2000．

［15］傅诚德．石油科学技术发展对策与思考［M］．北京：石油工业出版社，2010．

［16］中国海洋石油报．当代中国海洋石油工业［M］．北京：当代中国出版社，2008．

［17］《国家记忆》编写组．国家记忆：新中国70年影像志［M］．北京：新华出版社，2015．

［18］国家能源局石油天然气司，国务院发展研究中心资源与环境政策研究所，自然资源部油气资源战略研究中心．中国天然气发展报告（2020）［M］．北京：石油工业出版社，2020．

［19］国务院发展研究中心资源与环境政策研究所，北京大学能源研究院，清华大学能源互联网创新研究院，等．中国天然气高质量发展报告（2020）［M］．北京：石油工业出版社，2020．

［20］《海油故事·启示》编委会．海油故事·启示［M］．北京：石油工业出版社，2014．

［21］何华．共和国长子：新中国石化工业的成长记忆［M］．兰州：甘肃人民出版社，2013．

［22］何华．石化魂：兰州石化人对中国工业的贡献［M］．兰州：甘肃人民出版社，2012．

［23］何建明．部长与国家［M］．北京：新世界出版社，2005．

［24］胡文瑞．重新发现石油：石油将缓慢地失去青睐度［M］．北京：石油工业出版社，2018．

［25］《华北油田三十年》编委会．华北油田三十年（1976—2006）［M］．北京：石油工业出版社，2006．

［26］金毓荪．论陆相油田开发［M］．北京：石油工业出版社，1997．

［27］《巨变：改革开放40年中国记忆》编写组．巨变：改革开放40年中国记忆［M］．北京：新华出版社，2018．

［28］康世恩．康世恩论中国石油工业［M］．北京：石油工业出版社，1995．

[29] 刘振武, 孙星云, 高旭东, 等. 中国石油集团公司技术创新案例 [M]. 北京: 石油工业出版社, 2006.

[30] 李剑峰, 肖波, 肖莉, 等. 智能油田 [M]. 北京: 中国石化出版社, 2020.

[31] 理查德·罗兹. 能源传: 一部人类生存危机史 [M]. 刘海翔, 甘露, 译. 北京: 人民日报出版社, 2020.

[32]《辽河油田四十年》编写组. 辽河油田四十年 [M]. 北京: 石油工业出版社, 2010.

[33] 刘宝和. 中国石油勘探开发百科全书: 综合卷 [M]. 北京: 石油工业出版社, 2008.

[34] 刘宝和. 中国石油勘探开发百科全书: 勘探卷 [M]. 北京: 石油工业出版社, 2008.

[35] 刘宝和. 中国石油勘探开发百科全书: 开发卷 [M]. 北京: 石油工业出版社, 2008.

[36] 刘宝和. 中国石油勘探开发百科全书: 工程卷 [M]. 北京: 石油工业出版社, 2008.

[37] 刘朝全, 姜学峰. 2019年国内外油气行业发展报告 [M]. 北京: 石油工业出版社, 2020.

[38] 刘朝全, 姜学峰. 2020年国内外油气行业发展报告 [M]. 北京: 石油工业出版社, 2021.

[39] 刘广志. 中国钻探科学技术史 [M]. 北京: 地质出版社, 1998.

[40] 马双才, 等. 让地下石油见青天: 石油开采 [M]. 北

京：石油工业出版社，2006.

[41] 马文·韦勒，哈莉特·韦勒. 戈壁驼队：中美地质学家西北找油纪实（1937—1938）[M]. 赵辛而，译. 北京：石油工业出版社，1992.

[42] 马新华，丁国生，等. 中国天然气地下储气库[M]. 北京：石油工业出版社，2019.

[43] 马中海，丛祥生，路永明，等. 开凿到达油层的通道：石油钻井[M]. 北京：石油工业出版社，2006.

[44] 孟繁华，杜永生. 兰州石化公司史话[M]. 兰州：甘肃人民出版社，2008.

[45]《气贯长虹》编委会. 气贯长虹：西气东输工程建设纪实[M]. 北京：石油工业出版社，2005.

[46] 邱中建，龚再升. 中国油气勘探：第1卷 总论[M]. 北京：石油工业出版社，地质出版社，1999.

[47] 屈宝坤. 中国古代著名科学典籍[M]. 北京：中国国际广播出版社，2009.

[48] 申力生. 中国石油工业发展史：第一卷 古代的石油与天然气[M]. 北京：石油工业出版社，1980.

[49] 申力生. 中国石油工业发展史：第二卷 近代石油工业[M]. 北京：石油工业出版社，1988.

[50]《世纪石油之光》编委会. 世纪石油之光[M]. 北京：新华出版社，1998.

[51]《胜利油田大事记》编委会. 胜利油田大事记[M].

东营：石油大学出版社，2003.

[52]《石油精神——文献石油70年》编写组.石油精神——文献石油70年[M].北京：石油工业出版社，2020.

[53]《石油老照片》编委会.石油老照片[M].北京：石油工业出版社，2010.

[54]《首任石油部长李聚奎》编写组.首任石油部长李聚奎[M].北京：石油工业出版社，2015.

[55] 王大锐，齐兴宇，等.探索地下石油奥秘：石油地质[M].北京：石油工业出版社，2006.

[56] 王建新，计秉玉，宋吉水，等.大庆油田开发历程（1960—2000年）[M].北京：石油工业出版社，2003.

[57] 王乃举，等.中国油藏开发模式：总论[M].北京：石油工业出版社，1999.

[58] 王涛.塔里木的答卷[M].北京：石油工业出版社，2019.

[59] 王仰之.中国石油编年史[M].北京：石油工业出版社，1996.

[60] 魏国齐，钱凯，李剑.中国天然气地质学进展编年研究[M].北京：石油工业出版社，2008.

[61] 文思淼.李约瑟：揭开中国神秘面纱的人[M].姜诚，蔡庆慧，等译.上海：上海科学技术文献出版社，2009.

[62]《西气东输工程志》编委会.西气东输工程志[M].北京：石油工业出版社，2012.

[63]谢彬.深水半潜式钻井平台设计与建造技术[M].北京：石油工业出版社，2013.

[64]徐向阳.磨刀石[M].北京：石油工业出版社，2020.

[65]薛良清.海外油气勘探实践与典型案例[M].北京：石油工业出版社，2014.

[66]闫建文.回望石油发现井[M].北京：石油工业出版社，2019.

[67]尤靖波.大庆会战与工业学大庆[M].北京：石油工业出版社，2019.

[68]余秋里.余秋里回忆录[M].北京：解放军出版社，1996.

[69]翟光明.中国石油地质志：卷一 总论[M].北京：石油工业出版社，1996.

[70]张敬群.世界沙漠第一路[M].北京：石油工业出版社，1996.

[71]张叔岩.20世纪上半叶的中国石油工业[M].北京：石油工业出版社，2001.

[72]张庭婷，王德华."一带一路"与中国石油储备：中国与海湾六国能源合作研究[M].上海：上海交通大学出版社，2017.

[73]张文昭.当代中国油气勘探重大发现[M].北京：石

油工业出版社，1999.

[74] 赵文津. 李四光与中国石油大发现［M］. 北京：地震出版社，2006.

[75] 中国工程院. 天命：讲述院士的故事给您听［M］. 北京：人民交通出版社，2013.

[76]《中国近海油气田开发志》编纂委员会. 中国近海油气田开发志［M］. 北京：石油工业出版社，2012.

[77] 中国石化思想政治工作部（企业文化部）. 中国石油化工发展历程简明读本（试行本）［M］. 北京：中国石化出版社，2013.

[78]《中国石油工业》编辑部. 中国石油工业（1949—1989）［M］. 北京：石油工业出版社，1989.

[79] 中国石油集团海洋石油工程有限公司. 钢龙潜海润香港：承建西气东输二线深港海管工程纪实［M］. 北京：石油工业出版社，2012.

[80] 中国石油勘探开发研究院. 全球油气勘探开发形势及油公司动态（2020年）［M］. 北京：石油工业出版社，2020.

[81] 吕华，等. 中国石油天然气的勘查与发现［M］. 北京：地质出版社，1992.

[82] 中国石油天然气集团有限公司. 石油华章：中国石油改革开放40年［M］. 北京：石油工业出版社，2018.

［83］中国石油天然气集团有限公司.石油巨变：中国石油改革开放40年［M］.北京：石油工业出版社，2018.

［84］蒋金楚.中国石油石化科技创新概览［M］.北京：中国科学技术出版社，2009.

［85］《中国油气田开发志》总编纂委员会.中国油气田开发志：综合卷［M］.北京：石油工业出版社，2011.

［86］周德群，白洋，周鹏.中国战略石油储备研究［M］.北京：科学出版社，2015.

［87］中国石油天然气总公司塔里木石油勘探开发指挥部.塔里木沙漠石油公路［M］.北京：石油工业出版社，1996.